兰州大学人文、社会科学学科建设基金项目资助
（批准号：LZUHQ07008）

资源型工业区域的企业网络与产业生态学实践

——以白银市为例

李勇进　著

中国社会科学出版社

图书在版编目（CIP）数据

资源型工业区域的企业网络与产业生态学实践/李勇进著.
—北京：中国社会科学出版社，2008.5
ISBN 978 - 7 - 5004 - 6864 - 6

Ⅰ. 资… Ⅱ. 李… Ⅲ. ①工业区—企业—互连网络—研
究—中国②工业区—产业经济学：生态经济学—研究—中国
Ⅳ. TP393.18 F424

中国版本图书馆 CIP 数据核字（2008）第 047709 号

策划编辑 卢小生（E - mail：georgelu@ vip. sina. com/georgelu99@ yahoo. cn）
责任编辑 卢小生
责任校对 修广平
封面设计 高丽琴
技术编辑 李 建

出版发行 中国社会科学出版社
社　　址 北京鼓楼西大街甲 158 号　　　　邮　编 100720
电　　话 010 - 84029450（邮购）
网　　址 http：//www. csspw. cn
经　　销 新华书店
印　　刷 北京新魏印刷厂　　　　　　　装 订 丰华装订厂
版　　次 2008 年 5 月第 1 版　　　　　　印 次 2008 年 5 月第 1 次印刷
开　　本 710×1000　1/16　　　　　　　插 页 2
印　　张 11.75　　　　　　　　　　　　印 数 1 - 6000 册
字　　数 200 千字
定　　价 22.00 元

目 录

代　序

　　当代科学发展表明，在经历了工业社会的分化思潮使学科划分越来越细之后，由于若干全球环境问题的日益突出，又出现了新综合思潮，产生了许多边缘学科或交叉学科。边缘学科或交叉学科的研究者受到主观条件的限制而往往不自觉地偏重自己本来的研究领域，或重经济学，或重管理学，或重社会学，或重生态学，或重地理学。研究者以专业化知识储备应对综合问题，不免显得力不从心，使许多热点问题陷入众说纷纭、莫衷一是的状态。本书作者以资源型城市白银市为例，对产业生态学领域的产业循环网络和产业共生网络的环境要素及区域背景给予特别关注，开拓性地提出了产业循环网络在资源型城市的实用性问题及其解决办法。这一选题具有重要意义，使白银，金昌、嘉峪关等资源型城市均可借鉴。

　　产业生态学较多地注意物质流和能量流而相对忽视环境要素与区域背景。地理学重视环境要素和区域背景却忽视了企业行为。本书把社会网络分析方法应用于环境问题的研究，弥补了不同学科各有所重的不足，是一种创新，应充分肯定。这一研究可能为资源型城市实践产业生态学开辟一条新的发展途径。

　　本书也不是没有缺点，比如，研究区域仅以白银市为例，显得比较单一，假设检验部分还显得比较薄弱。希望作者在后续的研究中能在这些方面做更进一步的研究。

伍光和

2007 年 10 月于兰州大学

第一章 绪论

第一节 国内外相关研究综述

一、"循环经济"在世界范围内的促进与推广

(一)"循环经济"及相关概念

1. 可持续发展的概念及其面临的挑战

自 20 世纪 80 年代以来，"可持续发展"（Sustainable Development）已成为一个家喻户晓的概念，它主要是指"在满足当代人需要的同时不损害后代人满足他们需要的能力"（World Commission on Environment and Development，1987）。随着人们对可持续发展认识的加深，可持续发展最终把落脚点定在了自然资产或称自然资源上。

自然资源大致可以分为可更新自然资源和不可更新自然资源两类。可更新资源的使用原则是必须保证最小保存量，并在此基础上控制使用速度不大于更新速度。这种原则迄今为止在全球诸如森林资源、鱼类资源等可更新自然资源的管理中取得广泛的共识，并得到了广泛的应用（罗杰·珀曼等，1998）。

另一类诸如金属矿产、原油等不可更新资源是可耗竭的。在传统的环境经济学理论中，对不可更新资源的管理原则是替代原则，即用人造资本替代自然资本；根本的解决措施是技术；而这个原则的根本前提是自然资本和人造资本具有可比较的货币价值（罗杰·珀曼等，1998）。如今，这

种观点受到越来越多的挑战，即使是经济学家本身也开始怀疑这种观点（罗杰·珀曼等，1998），并且认为，如果人生活在像月球那样的环境中，至少福利是降低的（罗杰·珀曼等，1998）。即便是对于技术本身，乔治斯库－罗根（Geogescu－Roegen）已警告人们不应"狂想"式地乐观。虽然人类曾采用过的生产技术是如此之多，然而，实际上只有三种技术推动了我们工具的进步。按时间顺序，它们分别是农牧技术、火的掌握和蒸汽引擎（乔治斯库－罗根，1992）。乔治斯库－罗根称这些技术为普罗米修斯①技术，然而，当乔治斯库－罗根对蒸汽引擎的奇妙发明史做进一步讨论时，做了如下的描述：

在普罗米修斯之火的帮助下，人们可以保暖、烹调、制陶，更重要的是可以冶炼金属。……就这样，到17世纪中叶，基于普罗米修斯之火的技术耗尽了它的燃料——木材。……从13世纪起，人们就知道煤也可以用做热源。但煤虽可利用，却不经济。即使是在一般深度之下，地下水也会淹没任何矿场，要开采必须把地下水抽干，这需要的能量相当可观。煤矿开采者开始向伽利略求助，他建议开采者采用真空压缩泵……但反馈回来的消息是，无论怎样鼓捣水泵，水位也升不到10米以上。……后来命运之神插手其间，普罗米修斯二世——托马斯·赛弗利和托马斯·纽卡门两位——发明了蒸汽机，赢得了这场斗争。蒸汽引擎也是一种普罗米修斯技术：仅仅给它添加一点煤，就可以完全抽干矿井里的水，并且可采出比维持引擎运转所耗多得足以另开矿井的煤。然而，能量主义新手容易忘记，绝对没有一种技术可以生产出附加的可利用的能量和可利用的物质。……假定另一个地球1000万英尺深处存有大量的烟煤。由于开采一磅煤所耗能量超过一磅煤自身的能量，此时任何蒸汽引擎都不复是普罗米修斯式的技术。……现在严峻的问题是：普罗米修斯三世能否及时来到，用一种全新的普罗米修斯技术拯救我们人类？

即使撇开技术和能量的问题来看不可更新资源。人们也容易这样认为，不可更新资源一旦被开采出地面，它的价值就在下降。这并不是意味

————————————

① 普罗米修斯为希腊神话英雄，他从上帝那里为人类偷来了火种。

2

着物质消失了，不管怎样，它是符合物质守恒定律的。但是，在对这些物质加工的过程中，物质的物理大小必然在下降，因为它的凝聚度越来越低。显然，循环的次数越多，所需的能量越大。正因为如此，乔治斯库－罗根认为："物质的完全循环是不可能的"，这也就是为人们所熟知的"乔治斯库－罗根第四定律"（Georgescu－Roegen's "Fourth Law"）（Georgescu－Roegen，1979）①。

从乔治斯库－罗根第四定律引申出的结论是极端悲观的。任何经济活动都无能为力，而且只能增加熵。无论我们怎么做（包括循环）都会减少能量和/或物质的价值，留给后代的是越来越少的可以使用的能量或物质。不仅经济增长是一个幻想，就连稳态经济也将不可避免地增加熵从而变得不可持续［费伯（Faber），1996］。

乔治斯库－罗根的假设不断地受到批判，因为乔治斯库－罗根仅仅是与物理学中的适用于孤立系统的热力学第二定律进行类比得到他的第四定律的。此外，Bianciardi、Tiezzi 和 Ulgiati（1993）已经用一个简单的例子说明乔治斯库－罗根热力学第四定律（"物质的完全循环是不可能的"）与物理学定律的原则并不一致，也就是说，它与热力学第二定律相矛盾。进一步地，它与从生物系统研究中获得的经验证据并不一致（Bianciardi、Tiezzi and Ulgiati，1993）。生物圈是一个封闭系统，它与外界有能量的流入和流出，但没有物质的交换。在它的内部，物质是完全循环和升级的（有序），例如，碳、氮、磷（以及其他元素）通过利用太阳能在生物圈内的完全循环［艾尔斯（Ayres）1999］。基于这样的原因，批判者有理由拒绝乔治斯库—罗根第四定律（费伯，1996）。

但是，乔治斯库—罗根理论的缺陷并不能抹杀它的价值：在经济学中开创性地利用热力学理论进行思考（费伯，1996）。

的确，如果不考虑他的第四定律，乔治斯库—罗根的论述在第二定律的背景上是重要的……只要有足够的能量可以获得，完全循环在物理上是可能的。问题是如此的，能量消耗必将导致外部环境熵值的巨额增加，这对于生物圈来说，也许不是可持续的（Bianciardi，Tiezzi and Ulgiati，1993）。

_____

① 有关乔治斯库—罗根第四定律的详细论述，请参考费伯（1996），第 115～136 页。

著名产业生态学家 R. U. 艾尔斯（1999）认为，乔治斯库－罗根的论文（1979）包含几个没有争议的观点和一个有误的推论。这几个没有争议的观点是：①人类的福利在一定范围内是经济产出（产量）的函数。②产量固有地具有物质密集性。③加工物质需要可获得的能量（如可放能）。这是通过将低熵物质（如化石燃料、金属矿石）转变成高熵物质（如废弃物）获得的。④地球上高质量的（低熵）物质（包括燃料）储量是有限的。⑤循环物质或燃料——将高熵物质转变为低熵物质——需要外部的低熵能量流（如可放能）。⑥物质永远不能被100%循环，因为必然有熵的散失。

实际上，乔治斯库－罗根强调的是即使可获得能量没有限制，永久的循环也是不可能的，因为存在熵的散失（观点⑥）。考虑上述观点，只要我们考虑那些决定福利的非物质的服务，观点①显然有争议。如此看来，观点②虽然是对当下经济系统的准确描述，但却不是对理想的未来的"太空飞船经济"的真实描述。这是因为在最终的分析中，人类福利是归结于非物质的服务。换句话说，即使服务具有物质基础（虽然不是全部），一定数量的物质产出所能提供的服务也并非有一个固定的上限，这主要归功于减量化（Dematerialization）、再利用（Reuse）、修复（Renovation）、复原（Recovery）和循环（Recycling）的可能性（R. U. 艾尔斯，1999）。

总体上看，观点③~⑥并没有争议，但观点⑥却导出了错误的推论：即使是最有效率的循环过程也会产生一些具有较高熵的废弃物。随着时间的推移，这些废弃物将在一个仓库或一个垃圾箱中不断累积。这个仓库或垃圾箱也许是地壳，也许是海洋，也许是太空飞船中的一节船舱。进一步地，在缺乏进一步复原时，循环过程中的有用物质和产品每时每刻都在减少，它们变成废弃物，被丢弃到垃圾箱中。在这样的情形下，乔治斯库－罗根宣称经济必将"崩溃"。

但是，这样的理解有一个致命的缺陷（艾尔斯，1999）。很简单，假如有足够的能量（可放能）可以获得，将"垃圾箱"看做是矿山并从中获得物质就没有障碍。根据第二热力学定律，二手资源的复原永远不可能100%有效是对的，从而复原过程也会产生废弃物。然而，这些废弃物仅仅是返回了垃圾箱。但是，当废弃物堆变得足够大的时候，不管品位如何，这都有可能补偿那些损失。

据此，R. U. 艾尔斯（1999）对乔治斯库－罗根的观点⑥提出了新的引论：不是地球（或一个太空飞船）上的所有物质在任何时候都处于"活性服务"状态，因为垃圾箱永远不可能完全被清空。进而，艾尔斯得出这样的结论：

对于产业社会，只要有足够的非活性物质贮存①以及足够的可放能的外部来源（如来自太阳），就可以获得一个稳定的稳态循环系统。

在这个基础上，人们逐渐将注意力集中到德国环境问题专家委员会在1994年提出的"循环经济"（Circular Economy）的概念。他们认为，为了确保环境安全的未来，人类经济必须是循环的，以使生产过程从一开始就被综合到自然循环中去。一个与生态不相兼容的经济系统与其内在逻辑是相悖的，因为它破坏了人类得以生存的一些条件（Rat von Sachverst ä ndigen für Umweltfragen 1994）。循环经济的概念既有基于德国环境问题专家委员会的工作的科学性，又有政治上的可接受性，因此，它成为德国废弃物立法的基础。因为循环经济是面向自然过程的，而自然是面向可持续性的，所以，循环经济的概念对可持续发展也是有贡献的。

2. 循环经济

循环经济的思想来源于自然。数百万年来，自然在固定的物质存量的基础上进化。除了作为进化过程的重要的太阳能之外，自然原则上算得上是个"闭合系统"（Closed System），肯尼恩·博尔丁（Kenneth Boulding）称之为宇宙飞船地球（博尔丁，1966）。在这个系统中，生物是通过所谓的食物链进行物质和能量的交换流动联系起来的。通过这些食物链，物质几乎被完全利用，而且原则上，废弃物没有出现。与人类活动相对比，自然过程在技术上和经济上都是最好的解决方案。因此，自然不仅是一位卓越的工程师，而且也是一位伟大的经济学家。

为了说明"循环经济"，在本书中的概念范畴，有必要对"Circular Economy"抑或"循环经济"的来源做一个梳理。奥地利学者海周因·斯

---

① 在一个太空飞船中，一个关键资源也许是铜、铂，甚至是硅，活性物质也许是铜线，或者是一些催化剂，或者是电脑芯片；非活性物质可能是报废的或者丢弃的电机或电子设备，或者是使用完的催化剂（艾尔斯，1999）。

特雷贝尔（Heinz Strebel）将 "Kreislau fwirtschafts/Abfallgesetz" 翻译成英文时，认为最恰当的是翻译成 "Circular Economy/Waste Law"（斯特雷贝尔，2000）。而实际上，单就 "Circular Economy" 这个词组来说，最早应该出现在熊彼特（Schumpeter）1934 年的著作 *The Theory of Economic Development* 中（熊彼特，1934）。但在那里，"Circular Economy" 指的是商品和货币的循环流动，均衡时的状态被称为 "循环均衡"（Circular Equilibrium）。显然，在那里，"Circular Economy" 不具备现在所指的意思。1990 年，美国学者皮尔斯（Pearce）和特纳（Turner）在其著作 *Economics of Natural Resources and the Environment* 中阐述了一个 "循环经济模型"（皮尔斯和特纳，1990）。在这个模型中，有环境、自然资源、生产、消费和效用等主要变量，环境在为生产提供必需的资源的同时也具有吸纳废弃物的功能。模型的核心概念是：不可更新资源是耗竭性的，可更新资源需要控制其被开采速度，使其小于更新速度；生产和消费过程中的废弃物如果被循环利用，可以提高资源存量，反之，则会增加环境负载；如果排放到环境中的废弃物小于环境的吸纳能力，环境会继续为生产提供资源，而如果大于环境的吸纳能力，环境会减少资源的供给，而且会降低效用；增加的用于生产的资源量能增大效用，而降低的环境质量会降低效用；反之则相反（见图 1-1）。

1994 年 12 月，日本在《环境基本计划》中首次提出："实现以循环为基调的经济社会体制"，并于 2000 年 5 月修订通过了《推进建立循环型社会基本法》等法规，以加快推进循环经济型社会的发展。

目前，中国学术界普遍认为，中国于 20 世纪 90 年代后期引入循环经济理念，诸多学者对循环经济的概念、内涵、准则、重点、措施等进行大量的研究（诸大建，1998；曲格平，2000；张思峰，2002；陆钟武，2003）。但实际上，循环经济的理念与实践在中国绝不是 20 世纪 90 年代才有的事情，它至少可以再向前推 20 年。K. 威廉·卡普（K. William Kapp）早在 1975 年就在著名的 SSCI 来源刊杂志《世界发展》（*World Development*）上发表了题为 "*Recycling in Contemporary China*" 的文章。这篇文章综述了当时中国为保护和改善她的社会和自然环境而采取的 "循环政策"（Recycling Policies）。作者从解释中国的传统农业入手，认为它是一个 "循环的" 和生产能源的经济，各种旨在提高有机废料在农业生产

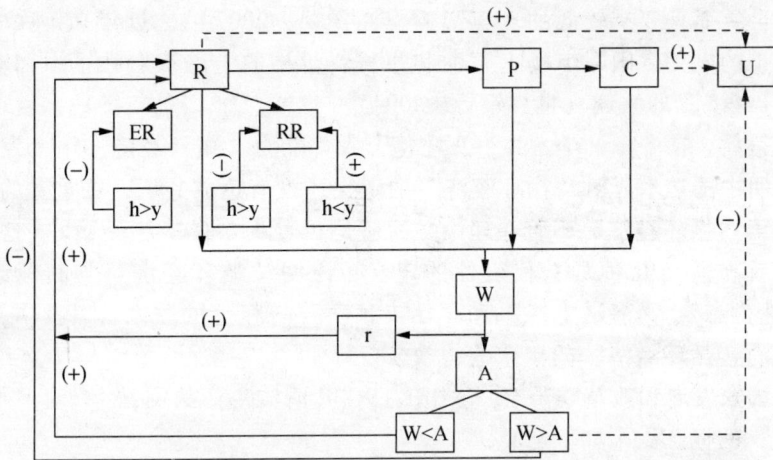

说明：R表示资源；P表示生产；C表示消费；W表示废弃物；A表示环境的吸纳能力；ER表示耗竭性资源；RR表示可更新资源；h表示开采速度；y表示更新速度；r表示再循环；U表示效用。

图1-1 皮尔斯和特纳的循环经济模型

资料来源：皮尔斯和特纳，1990年，第40页。

中应用的努力已经表明具有正面的效果，但是，这种效果可以通过在美国和其他发达国家发展起来的循环方法得到进一步提高。材料的恢复以及再利用在中文文献中被表述为"变废为宝"，这条原则不仅在农业而且在工业（那里不仅有劳动密集型的方法而且有现代设备）污染防治政策中都被当做是指导原则之一。由此，笔者认为，在中国，20世纪90年代后期应当被称为"循环经济"重新得到重视的时期。

从国际上来看，"循环经济"的概念在德国和日本比较流行（世界银行，2004），但在其他国家并没有受到太多关注。毫无疑问，中国对这个概念特别感兴趣，如果在谷歌（Google）里搜索一下"Circular Economy"①，结果显示，前10项当中，有8项与中国有关，第11~20项，全部与中国有关。中国对于"循环经济"的重视主要是由中国的经济和环境发展目标决定的。中国旨在2020年实现国民收入翻两番，全面建成小

---

① http：//www.google.com（Accessed date：Jan. 21, 2006）.

康社会，而且要有较低的环境影响（江泽民，2002①）。近年来，许多中国城市的电荒，国际市场上石油和原材料价格的上涨都增强了中国对于"循环经济"的兴趣（世界银行，2004）。

目前，在中国的学术界，几乎每个人都能为"循环经济"下个定义，这表明中国学术界对"循环经济"的定义还没有达成共识，更重要的是，表明了"循环经济"不管在理论方面还是在实践方面都方兴未艾。这里，作者旨在总结几种具有代表性的定义，说明"循环经济"与其他诸如"产业生态"、"清洁生产"和"污染预防"等概念的联系，以及本书所使用的"循环经济"的概念范畴。

国家发展和改革委员会（NDRC）在其清洁生产的网站上②对"循环经济"的概念做了如下定义：

（循环经济）能够被接受的可行定义往往与制造业和服务业相关，他们在管理环境和资源问题的过程中通过协作以寻求经济与环境表现的提升。循环经济概念的主题是物质（包括能源、水和材料以及信息）的交换，这些物质是一个单位的废弃物，却成为另一个单位的投入品。通过共同运作，事业共同体得到的总收益要大于每个企业、产业、团体在个体基础上优化自身表现所得个体收益的总和。

中国环境与发展国际合作委员会（CCICED）在其最近一次报告中（CCICED 2005③）对循环经济是这样定义的：

循环经济是一种经济发展模式，它旨在通过资源保护、再利用和再循环以从源头将污染减到最少以及减少单位产出的总体损耗，从而达到环境保护、污染预防和可持续发展的目的。……在企业层次上，循环经济主要集中在清洁生产、全面的废弃物循环与恢复和废弃物的无害化处置。它强调材料和能量的"减量化、再利用和再循环"（即3R原则）。在区域层次上，循环经济强调构建一个以产业链为载体的物质循环网络，通过建立一个全面的废弃物收集、再制造、再循环和废弃物无害化处置的产业系统，

---

① 《江泽民文选》第三卷，人民出版社2006年版，第528页。

② http：//www.chinacp.com/eng/cppolicystrategy/circular_economy.html.

③ CCICED，2005. Task Force Report on Circular Economy. http：//www.harbour.sfu.ca/dlam/Taskforce/circular%20economy2005.htm.

实现区域资源的最优配置和再利用。在国家层次上，循环经济描绘了一个新的经济运作模式，它由政府参与协助，目的在于可持续的经济和社会发展。这个模式使废弃物和环境要素进入市场系统，利用市场机制，借助法律、规章和政策以及其他的资源保护和环境意识原则进行管制。

段宁（2005）认为，循环经济是以人类可持续发展为增长目的、以循环利用的资源和环境为物质基础，充分满足人类物质财富需求，生产者、消费者和分解者高效协调的经济形态。循环经济的唯一属性是"循环经济是建立在循环利用物质这一物质基础上的经济形态"。

从以上几种对于"循环经济"的定义可以看出，虽然各种定义有所差别，但却有以下两个共同点：

第一，强调物质循环。传统经济是一种从"原料—消费—废弃物"的线性经济；而循环经济则试图构建一种从"原料—消费—残留物—原料"的循环经济，这里的"循环"与"线性"相对。传统经济中也谈到"循环"，但那里的"循环"是指商品和货币的循环；而循环经济中的"循环"是指物质的循环。另外，"循环经济"模式中的"残留物"就相当于"传统经济"中的"废弃物"，我们应该认识到"废弃物"只是我们的社会目前还无法有效利用的"残留物"。

第二，强调可持续发展。传统经济的实践和理论研究都与环境要素较少相关，而循环经济旨在建立一种系统经济模式，协调经济发展与环境的关系。传统经济的最终目的是"经济增长"，而"循环经济"的最终目的是"可持续发展"。

3. 产业生态学

在格雷德尔（Graedel）和艾伦比（Allenby）的《产业生态学》一书中（格雷德尔和艾伦比，2003），他们为产业生态学下了这样一个简要的定义：

产业生态学是人类在经济、文化和技术不断发展的前提下，有目的地、合理地去探索和维护可持续发展的方法。产业生态学要求不是孤立而是协调地看待产业系统与其周围环境的关系。这是一种试图对整个物质循环过程——从天然材料、加工材料、零部件、产品、废旧物品到产品最终处置——加以优化的方法。需要优化的要素包括物质、能量和资本。

"产业生态学"这个名词本身就传达了这个领域的一些内容［R. 利

夫塞特（R. Lifset）和 T. E. 格雷德尔，2002]。首先，产业生态学是"产业的"，它聚焦于产品设计和制造过程。它将企业看做是环境提升的主体，因为它们拥有对有效实施环境友好的产品设计和制造过程最为关键的技术专家。产业，作为生产绝大部分产品和服务的社会的一部分，是关注的焦点，因为它是环境破坏的重要的但不是唯一的原因。

另一方面，产业生态学至少可以从以下两个方面看是生态的。

第一，产业生态学期望产业活动按照非人类的"自然"生态系统模式运作 [R. A. 弗罗施和 E. G. 尼古拉斯（R. A. Frosch and E. G. Nicholas），1989]。很多生物生态系统在循环利用资源方面相当有效，这就为产业中材料和能量的有效循环树立了样板。最为大家熟知的产业中再利用和再循环的例子就是著名的丹麦·卡伦堡产业区（Industrial District in Kalundborg, Denmark）[J. R. 埃伦费尔德和 E. G. 尼古拉斯（J. R. Ehrenfeld & E. G. Nicholas），1997]。在这个地区的产业设施集群中，包括一个炼油厂，一个电厂，一个药品发酵工厂和一个石膏板工厂。这些工厂相互交换副产品（也可以称做"废弃物"）。这种交换网络被称做"产业共生"（Industrial Symbiosis），这实际上就是对自然中生物共生，互利关系的类比。

第二，产业生态学置人类技术活动（最广意义上的产业）于支撑其运作的较大的生态系统背景之中，考察在社会中使用的资源之"源"和能吸纳或无害化废弃物的"汇"。"汇"的生态学意义使产业生态学与承载力（Carrying Capacity）和生态恢复力（Ecological Resilience）联系起来，试图回答"为人类提供关键服务的技术社会是否、怎样、到何种程度上能影响或破坏生态系统"。简单地说，经济系统不再被看做孤立于其外围系统，而是与之关联。

早在 1994 年，美国前国家工程研究院主席罗伯特·怀特（Robert White）在总结了以上所述要素后为产业生态学下了这样一个定义（R. 怀特，1994）：

……研究产业和消费活动中材料和能量的流；这些流对环境的效应；经济、政治、管制和社会因素对资源的流、使用和转换的影响。

无论从哪个定义来看，产业生态学的核心要素包括以下几个方面：

（1）生物学类比。

（2）利用系统观点。

（3）技术变化的功能。

（4）公司的职能。

（5）减量化与生态效率。

（6）前瞻性研究和实践。

至少有两种方式将以上这些核心要素综合成一个整体。

一种是视产业生态学在不同层次上运作（见图1-2）。在公司或单位过程层次上，在企业间、地区或部门层次上和在区域、国家或全球层次上。虽然企业和单位过程是重要的，但产业生态学更多的是聚焦于企业间和设施间的层次上，部分的是因为系统观点强调范围更加宽广时的非预期产出（也许是环境收益），另外，污染预防，以及相关的努力在企业、社会和单位过程层次上已经对需要重视的问题起到了良好的效果。

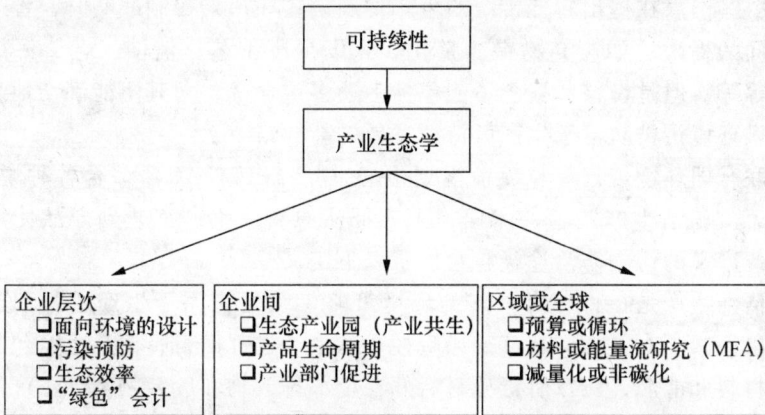

图 1-2　被看做是在不同层次上运作的产业生态学元素

资料来源：R. 利夫塞特和 T. E. 格雷德尔，2002 年，第 10 页。

另一种途径如图1-3所示。即将各种元素组合在一起，一方面反映产业生态学的概念或理论方面的内容；另一方面反映更加具体的、面向应用的工具和实践。图的左边包括这个领域的很多理论和交叉学科的内容，而图的右边包括更加实用的和应用方面的内容。

```
                    ┌─────────────┐
                    │  产业生态学   │
                    └─────────────┘
                   ╱               ╲
          ┌─────────────┐    ┌─────────────┐
          │   系统分析    │    │   生态设计    │
          └─────────────┘    └─────────────┘
           ╱         ╲          ╱         ╲
    ┌──────────┐ ┌──────────────┐ ┌──────────┐ ┌──────────┐
    │  资源研究  │ │ 社会、经济研究 │ │  一般行动  │ │  特殊行动  │
    └──────────┘ └──────────────┘ └──────────┘ └──────────┘
```

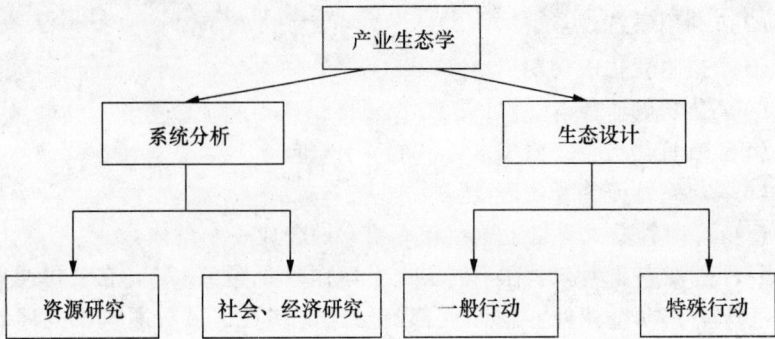

图 1-3   按照系统导向和应用导向归类的产业生态学概念

资料来源: R. 利夫塞特和 T. E. 格雷德尔, 2002 年, 第 11 页。

4. 清洁生产

一些国家在提出转变传统的生产发展模式和污染控制战略时, 曾采用了不同的提法, 如废弃物最少量化、无废少废工艺、清洁工艺、污染预防, 等等。但是, 这些概念不能包括上述多重含义, 尤其不能确切地表达当代融环境污染防治于生产可持续发展的新战略。

联合国环境规划署与环境规划中心 (UNEPIE/PAC) 综合各种说法, 采用了"清洁生产"这一术语, 来表征从原料、生产工艺到产品使用全过程的广义的污染防治途径, 给出了以下定义[①]:

清洁生产是指将综合预防的环境策略持续地应用于生产过程和产品中, 以便减少对人类和环境的风险性。对生产过程而言, 清洁生产包括节约原材料和能源, 淘汰有毒原材料并在全部排放物和废弃物离开生产过程以前减少它的数量和毒性。对产品而言, 清洁生产策略旨在减少产品在整个生产周期过程 (包括从原料提炼到产品的最终处置) 中对人类和环境的影响。清洁生产不包括末端治理技术, 如空气污染控制、废水处理、固体废弃物焚烧或填埋, 清洁生产通过应用专门技术, 改进工艺技术和改变管理态度来实现。

《中国 21 世纪议程》中对"清洁生产"是这样定义的:

---

① http://www.chinacp.org.cn/newcn/chinacp/cpconcept.htm.

12

所谓清洁生产，是指既可满足人们的需要又可合理使用自然资源和能源并保护环境的实用生产方法和措施，其实质是一种物料和能耗最少的人类生产活动的规划和管理，将废弃物减量化、资源化和无害化，或消灭于生产过程之中。同时，对人体和环境无害的绿色产品的生产也将随着可持续发展进程的深入而日益成为今后产品生产的主导方向。

5. 污染预防

污染预防和废弃物最小量化都是美国环保局提出的。废弃物最小量化是美国污染预防的初期表述，现在一般已被"污染预防"一词代替。美国环保局对污染预防的定义为[①]：

污染预防是在可能的最大限度内减少生产厂地所产生的废弃物量，它包括通过源削减（源削减指：在进行再生利用、处理和处置以前，减少流入或释放到环境中的任何有害物质、污染物或污染成分的数量；减少与这些有害物质、污染物或组分相关的对公共健康与环境的危害）、提高能源效率、在生产中重复使用投入的原料以及降低水消耗量来合理利用资源。常用的两种源削减方法是改变产品和改进工艺（包括设备与技术更新、工艺与流程更新、产品的重组与设计更新、原材料的替代以及促进生产的科学管理、维护、培训或仓储控制）。污染预防不包括废弃物的厂外再生利用、废弃物处理、废弃物的浓缩或稀释以及减少其体积或有害性、毒性成分从一种环境介质转移到另一种环境介质中的活动。

从上述各个概念的定义中可以看出，"污染预防"的概念强调"源削减"；"清洁生产"的概念强调"综合预防"；"产业生态学"的概念强调"生物学类比"；"循环经济"的概念强调"物质循环"及 3R 原则；"可持续发展"的概念强调"代际公平"。实际上，前 4 种概念都可以看做是通向"可持续发展"的途径，而在前 4 个概念当中，"产业生态学"与"循环经济"的概念范畴极为相似。鉴于前文所述"循环经济在中国、德国及日本等国较为流行，而在欧美国家并没有受到太多关注"的事实[②]，

① http：//www.chinacp.org.cn/newcn/chinacp/cpconcept.htm.
② 2006 年 1 月 22 日，我们在 ELSEVIER（www.sciencedirect.com）（全球著名的学术期刊提供商）上搜索符合"在摘要、题目或关键词中含有'Circular Economy'"条件的文献，结果显示为 0。

本书中不对"产业生态学"和"循环经济"两个概念作严格区分。下文所述的"循环经济实践",既有绝大多数中文文献中所称的"循环经济实践",又有绝大多数英文文献中所称的"产业生态学实践"。如果借用集合的语言对上述的 5 个概念的范畴进行排序,我们可以表述如下:

污染预防 ⊂ 清洁生产 ⊂ 产业生态学 ⊂ 循环经济 ⊂ 可持续发展

(二)"循环经济"在世界范围内的实践

2005 年 4 月 28～30 日,在日本东京召开了有 20 个国家和 4 个国际组织参加的"3R 促进部长级会议",旨在通过官方正式推行 3R 原则。在这次会议的《主席团摘要》(Chair's Summary) 的附件中[①],列举了参会的 20 个国家(巴西、加拿大、中国、法国、德国、印度尼西亚、意大利、日本、马来西亚、墨西哥、菲律宾、韩国、俄罗斯、新加坡、南非、泰国、英国、美国、越南和欧盟)和 4 个国际组织(联合国环境规划署、经济合作与发展组织、巴塞尔协定秘书处和阿拉伯国家同盟)的有关 3R 促进的具体行动。实际上,在这份《摘要》中所列举的具体行动基本上与本次会议的 5 个主题相关,它们分别是:

(1) 推行 3R 的国家政策。

(2) 降低国际商品与物质流动的障碍。

(3) 发达国家与发展中国家的合作。

(4) 鼓励不同相关者之间的合作。

(5) 提升适合 3R 的科学与技术水平。

从中我们多少可以看出以 3R 为主要原则的"循环经济"在世界范围内的实践的全面推行。另外,至少还有两个国际会议值得注意,一个是 2005 年 6 月 12～15 日在瑞典首都斯德哥尔摩召开的国际产业生态学会 2005 年年会 (The ISIE – 2005),另一个就是 2005 年 11 月 1～4 日在中国杭州召开的"循环经济与区域可持续发展国际会议"(International Conference on Circular Economy and Regional Sustainable Development)[②]。虽然后一次会议的影响力较小,但这是中国首次在国内召开有关循环经济及产业

①　The Ministerial Conference on the 3R Initiative, 2005. Chair's Summary. Tokyo. http://www.env.go.jp/earth/3r/en/.

②　http://www.2005cersd.org.cn/.

生态方面的国际会议，足可以表明"循环经济"理念在中国的传播之广、影响之深。

由于不太可能对世界各国的循环经济实践逐一论述，所以，作者在此从国外、国内两个区域，小、中、大三个层面通过典型实例说明"循环经济"实践在世界范围内的广泛开展。

1. 国外循环经济在三个层面上的实践

国外循环经济在三个层面上发展的最成功的例子分别是美国的杜邦化学公司模式、丹麦的卡伦堡生态工业园区和德国的双轨制回收系统（DSD）。

（1）小循环层面上（彭琴，2003）。杜邦化学公司模式——组织单个企业的循环经济。它于20世纪80年代末把工厂当做试验新的循环经济理念的实验室，创造性地把3R原则发展成为与化学工业实际相结合的"3R制造法"，以达到少排放甚至零排放的环境保护目标。他们通过放弃使用某些环境有害型的化学物质、减少某些化学物质的使用量以及发明回收本公司产品的新工艺，到1994年已经使生产造成的塑料废弃物减少了25%，空气污染物排放量减少了70%，同时，他们在废塑料如废弃的牛奶盒和一次性塑料容器中回收化学物质，开发出了耐用的乙烯材料等新产品。

（2）中循环层面上。丹麦的卡伦堡生态工业园区以发电厂、炼油厂、制药厂和石膏制板厂四个厂为核心。通过贸易的方式，把其他企业的废弃物或副产品作为本企业的生产原料，建立工业横生和代谢生态链关系，最终实现园区的污染"零排放"。其中，燃煤电厂位于这个工业生态系统的中心，对热能进行了多级使用，对副产品和废弃物进行了综合利用。电厂向炼油厂和制药厂供应发电过程中产生的蒸汽，使炼油厂和制药厂获得了生产所需要的热能，通过地下管道向卡伦堡全镇的居民供热，由此关闭了镇上3500座燃烧油渣的炉子，减少了大量的烟尘排放。将除尘脱硫的副产品——工业石膏全部供应附近的一家石膏板生产厂做原料。同时，还将粉煤灰出售，供铺路和生产水泥之用。炼油厂和制药厂也进行了综合利用：炼油厂产生的火焰气通过管道供石膏厂用，减少了火焰气的排空。一座车间进行酸气脱硫生产的稀硫酸供给附近的一家硫酸厂，炼油厂的脱硫气则供给电厂燃烧。卡伦堡生态工业园还进行了水资源的循环利用：炼油厂的废水经过生物净化处理，通过管道向电厂输送，每年输送电厂 70 万立方米的冷却水。整个工业园区由于进行水的循环使用，每年减少 25% 的需水量。

（3）大循环层面上。德国的双轨制回收系统（DSD）是一个专门组织对包装废弃物进行回收利用的非政府组织（戴宏民，2002）。它接受企业的委托，组织收运者对他们的包装废弃物进行回收和分类，然后送至相应的资源再利用厂家进行循环利用，能直接回用的包装废弃物则送返制造商。DSD 系统的建立大大地促进了德国包装废弃物的回收利用。例如，政府曾规定玻璃、塑料、纸箱等包装物回收利用率为 72%，1997 年已达到 86%；废弃物作为再生材料利用，1994 年为 52 万吨，1997 年达到了 359 万吨，包装垃圾已从过去每年 1300 万吨下降到 500 万吨。

2. 国内循环经济实践

近年来，我国在农业生态体系和服务业生态体系方面循环经济的发展还很少，但是，在生态工业体系三个层面上已经逐渐展开了循环经济的实践探索，并取得了显著成效。

（1）在小循环层面积极推行清洁生产。我国是国际上公认的清洁生产搞得最好的发展中国家。2002 年，我国颁布了《清洁生产促进法》，陕西、辽宁、江苏等省以及沈阳、太原等城市也制定了地方清洁生产政策和法规。2007 年上半年，我国环保部门大力推行清洁生产，举办了 9 期清洁生产审核师培训班，组织编制了 10 个行业清洁生产标准。据统计，目前我国已在 20 多个省（区、市）的 20 多个行业 400 多家企业开展了清洁生产审计，建立了 20 个行业或地方的清洁生产中心，1 万多人次参加了不同类型的清洁生产培训班。有 5000 多家企业通过了"ISO14000 环境管理体系认证"，几百种产品获得了环境标志。

（2）在中循环层面上建立由共生企业群组成的生态工业园区。按照循环经济理念，我国自 1999 年开始启动生态工业示范园区建设试点工作，建立了第一个国家生态工业示范园区——贵港国家生态工业（制糖）示范区，2007 年上半年，我国环保部门组织制定了《生态工业园区评价指标体系》。到目前为止，国家环保总局已批准了 11 个园区为国家生态工业建设园区试点。如南海国家生态工业建设示范园区、包头国家生态工业（铝业）建设示范园区、石河子国家生态工业建设示范园区、长沙黄兴国家生态工业建设示范园区、鲁北国家生态工业建设示范园区、烟台经济技术开发区国家生态工业建设示范园区等。

（3）在城市和省区开展循环经济试点工作。目前，辽宁、江苏、贵阳等省市开始在区域层次上探索循环经济发展模式。2002年年初，国家环境保护总局和辽宁省人民政府共同推出了一项新举措，即结合辽宁省的经济结构调整开展循环经济试点，在结构调整中注入循环经济发展理念，构建辽宁省新型的经济发展模式。2002年3月31日，辽宁省论证完成了《辽宁省发展循环经济试点方案》。自此，辽宁省成为我国第一个探索发展循环经济的省份。

广东省、浙江省、上海市等地在地方经济的发展过程中开始重视经济发展中资源消耗、社会公平和人的发展等问题。广东省编制了珠江三角洲环境保护规划，提出了"以人为本"、"环境优先"的指导思想，确定了优化社会经济布局，发展循环经济和防治环境污染的红线、绿线和蓝线"三线战略"；浙江省也提出要建设以循环经济为核心的生态经济体系；上海是最先开始循环经济发展战略研究的城市，已经把有关循环经济的概念和思想纳入到《中国21世纪议程——上海行动计划》，制定了上海市的"循环经济"发展战略与实施计划，提出建设循环经济型的国际大都市的构想。与此同时，江苏、山东、黑龙江、甘肃等省也都在积极推动循环经济发展。循环经济理念已从工业与环境保护领域逐步扩展到整个社会经济的各个领域。2005年上半年，国家环保部门组织制定了《循环经济市评价指标体系》，启动了重点行业和区域的循环经济发展模式的编写工作。全国已有8个省开展了生态省建设，循环经济省、市示范达到5个。

3. 国内外循环经济的立法情况

到目前为止，一些发达国家在循环经济立法方面也取得了很大成功。主要表现在日本、德国、美国等发达国家。

日本是发达国家中循环经济立法最全面的国家，已经颁布了《推进建立循环型社会基本法》、《有效利用资源促进法》、《家用电器再利用法》、《食品再利用法》、《环保食品购买法》、《建设再利用法》、《容器再利用法》7项法律，建立了世界上数一数二的政企民三轮驱动的垃圾回收系统。

德国分别于1991年和1994年颁布的《包装废弃物处理法》、《循环经济和废弃物管理法》规定，自1995年7月1日起，玻璃、马口铁、铝、纸板和塑料等包装材料的回收率全部达到80%。1998年修订的《循环经济与废弃物管理法》提出，将循环经济思想从包装推广到所有的生产部门，把废弃物处理提高到发展循环经济的思想高度并建立了系统配套的法律体系，这种法律开创了环保立法的新局面。

美国自1965年颁布《固体废弃物处理法》后，先后在1968年、1970年、1973年、1976年、1980年、1984年多次修订该法，目前称为《资源保护和回收法》。该法有力地促进了美国废弃物再循环和综合利用工作。1990年，美国国会通过了《污染预防法》，宣布"对污染尽可能地实行预防或源削减（Source Reduction）是美国的国策"。美国俄勒冈、新泽西、罗德岛等州，从20世纪80年代中期以来先后制定了促进资源再生循环的法规。

1998年10月，我国在《国际清洁生产宣言》上郑重签字，成为宣言的第一批签字国之一。我国对清洁生产工作给予了充分重视，在推动中国清洁生产方面成果显著，并且于2003年颁布了全球首部《清洁生产促进法》。2005年，我国着手制定《循环经济促进法》，旨在为我国发展循环经济提供法律保障。

二、企业网络在经济发展与环境管理中作用的凸显

（一）企业和网络

处于社会背景下的企业是社会组织、经济目标、设计决策和环境影响汇集的地方（T. E. 格雷德尔和B. R. 艾伦比，2003）。企业从总体上讲是文化产物，企业随时间不断演变。很明显，企业是现代社会的重要经济组织，反映并创造了其所依存的文化和经济。同时，企业还是法律的产物，它们依法建立、界定和改变。单个企业可以是自我组织、松散联系的工业区成员，例如，美国硅谷或者意大利佛罗伦萨附近的纺织企业密集区。这些企业竞争激烈，但同时也通过非正式的交流与合作来互相学习和了解变化中的市场和技术。企业之间的作用范围可以在网络系统中互相渗透，企业和地方机构（如商会和大学）之间也是如此。

真正意义上的现代企业出现在19世纪初期相关法律诞生以后，从此，

任何符合法律规定的实体都可以注册成为企业（或公司）。西方国家逐步兴起由独立企业组成的复杂网络，这些企业在科学技术创造方面展开竞争，成功的科技创新在市场上得到回报——所有这些构成了物质上成功的现代经济的基础。因此，现代企业是在工业革命发展到一定时期才出现的，因为这样的组织对现代国家工业经济的不断发展是必不可少的。虚拟企业的出现则表明企业进一步向更加复杂和灵活的组织形式转变。

自杨（Yeung, 1994）和马姆伯格（Malmberg, 1994）的有关企业网络研究的综述性文章在著名的人文社会科学杂志"*Progress in Human Geography*"发表以来，有关企业的社会空间组织和它们的网络的研究在工业地理学领域日渐繁荣（杨, 2000）。杨（2000）将网络看做"既是一种管理结构，也是一个社会化的过程"。通过网络，不同的参与者和组织在追求相互利益和增效作用上以一致的态度相联系。按照这种定义方式，就有多种网络形式，如商业网络、货物供给链、生产网络和创新网络。商业网络往往通过非正式的协定和社会化过程来组织，但是，在货物供给链、生产网络和创新网络中，正式手续及官僚程度要加大。例如，商业网络经常是基于私人之间的联系、非正式的信息流动、资源共享和知识的扩散。

在经济学与社会学领域，有关企业网络研究的文献也在快速增长[赛多（Sydow），1997；奥利弗（Oliver），1990]。这些研究既有理论方面的也有实践方面的，主要是对区别于以价格和退出为基础的交换和竞争形式的企业之间各种协调方式的特征和本质的研究，这些协调方式（即企业网络）包括以企业间关联决策为特征的社会网络、以契约性权威为基础的高度一致的科层网络和以权利对等为特征的战略联盟[格兰多里（Grandori），1999]。格兰多里（1999）将企业网络定义为一组拥有不同偏好和资源，通过一系列机制协调的企业组织形式，其协调机制不仅仅包括价格、退出机制和各种外部规则，还包括规则和惯例、经纪和中介组织、企业间权威、联合决策及其激励和谈判计划（从价格到担保和抵押）等诸多方面。格兰多里（1999）认为，网络是企业和市场的替代。

（二）企业网络在经济发展中的作用

与传统的宏观分析不同，近年来，在经济学界兴起一股对企业网络绩效进行微观分析的潮流，而采用的方法大多是交易成本和生产成本分析（格兰多里，1999）。安德鲁·戈德利（Andrew Godley，1999）对商业史的研究从一个资本市场存在的缺陷出发解释了以网络为基础的替代性中介的形成，并考察了这种制度安排下一般福利和配置效率的改变。他的研究表明，处于成长中的伦敦和纽约时装业所需的高风险投资是如何在缺乏传统资本市场支持下成功地获取融资支持的。在其融资过程中，通过犹太社区以道德为基础的社会网络体系所创造的软贷款系统并没有出现支付问题。

彼得·史密斯·林（Peter Smith Ring，1999）对企业网络的考察超越了生产成本和交易成本，他不仅分析了外部股东所关心的成本问题，更重要的是考察了学习和变化中的动态成本或"转型"成本。他认为，企业网络是建立在"关系契约"（Relational Contracting）基础之上的，是拥有互补性能力和资源的参与者之间形成的完全相互关联的长期存在的关系网。因此，他主张，从学习的角度看（诸如依靠科层、计划、标准和惯例协调的网络），企业网络的上述内容有利于企业和市场的运行。网络所带来的利益不仅仅在于交易的参与者之间共同知识的获得，更重要的是可以实现某种知识的交易。他认为，交易成本分析由于过于经济而忽略了某些重要经济变量的影响。网络企业进行协商和学习是为了尝试与其他企业进行创新性的竞争，协商的实践和资源的消耗属于投资而不仅仅是需要最小化的成本；协商的学习是发展更好的机会和减少机会成本的过程（格兰多里，1999）。

在经济地理学领域，对网络的研究常常和创新联系在一起，创新被看做是发生在网络内的一个过程［霍茨－哈特（Hotz-Hart），2000；福纳尔和布伦纳（Fornahl and Brenner），2003］。1996年，经济合作与发展组织在有关"技术、生产力和创造就业"的报告中指出，创新企业在掌握新技术和把握市场机会方面具有更高的效率。创新能力是企业的关键要素，依赖于企业面临的动机和自身的能力（经济合作与发展组织，1996）。企业的竞争力越来越依赖于其在产品和生产过程中应用新知识和新技术的能力。但是，在这个"知识爆炸"的时代，企业就被迫忙于搜寻知识的过程。为了获得补充知识以及知道如何去做，企业变得越来越依赖于与各种经济主体的相互作用。企业间的协作是知识分享和交流最重要的渠道（霍茨－哈特，2000），于是，网络以其本身的定义成为一个有效的创新手段。

创新是一个相互的学习过程，需要在处于生产网络和价值链中的不同经济主体之间交流知识、交互作用和合作。发生交互作用的主体，主要包括其他企业（既有大企业也有小企业）、承包商和分包商、设备和组分供应商、使用者或消费者（特别是那些由创新引致的使用者）、竞争者、内部和外部、私人和公共研究机构、大学和其他高等教育机构、咨询及技术服务的提供者、国家权威和管制实体。所有这些主体组成一个网络，在这样一个网络中，目标于市场成功的新思想和新的解决问题的方法发展起来了。有实例表明，最重要的知识分享和交流渠道就是企业间的协作（见表 1 - 1）（经济合作与发展组织，1999：53）。

表 1 - 1   技术转移渠道的相对重要性[①]

	澳大利亚	比利时	丹麦	法国	德国	爱尔兰	意大利[②]	卢森堡	挪威	英国
利用他人的发明	4	4	3	2	5	2	5	4	2	2
外包研究开发	8	5	5	5	6	3	6	5	5	6
利用顾问的服务	5	3	4	4	3	5	3	5	3	4
并购其他企业	7	7	7	7	7	6	8	8	6	7
购买设备	1	6	2	3	4	4	1	3	8	5
来自其他企业的信息服务	2	2	1	1	1	1	2	1	1	1
雇用熟练人员	3	1	5	6	2	7	4	2	4	3
其他	6	8	8	..	8	8	7	5	7	8

①重要性从 1（最高）到 8（最低）

②根据 ISTAT 调整。"其他"包括"购买项目"。这个表格不能用做直接比较，因为各个国家的反应程度相差很大。

资料来源：经济合作与发展组织，1999 年，第 53 页。

以下所列的是在一个网络中的创新过程发挥功能的最重要的成功因素（霍茨 - 哈特，2000）：

（1）企业能更好地获得信息、知识、技能和经验以及在创新网络内更快更有效的交流。对于学习、信息交流和缩减新产品与新的生产过程进入市场的时间来讲，有了更好的机会；参与企业充当消费者、供给者和分包商的角色交流信息和经验，相互学习。

（2）特定的代理商和行动者之间更加强烈的联系与合作。首先是在使用者和供给者之间；合约行为和企业引导消费者的能力可以成为伙伴以及整个网络的信号；网络化可以在诸如工程师、设计者、营销专家、公共关系管理者和/或金融家之间更好地利用互补与协调。

（3）更高的回应能力。参与企业有更强的能力改变对未来、技术基础和组织路线的理解；企业和其他组织增强的学习能力。

（4）减少风险、道德危机和信息与交易成本。在具有互补资产的企业间的很多参与者，通过在网络内部使交易内生化创造了成本减少的协同作用。网络内部的关系允许对风险进行联合评估。一个功能良好的创新网络是基于强烈的正的和互惠的外部经济和溢出，这既有与钱有关的也有与钱无关的。

（5）更好的信任基础和社会凝聚力。公共的非经济制度和植根于地方社会的"信任"的各种特征允许各类行动者既可以竞争也可以合作。

但是，网络不总是有效的（霍茨－哈特，2000）。以创新网络来说，在最糟糕的情况下，一是网络对于创新活动具有负面效应。它们可能会通过卡特尔固化现存的结构，从而引起功能僵化；二是竞争政策面临着两难困境。管制者必须评估和确定一个现存的或正在成长的网络能否促进创新表现，或者它会阻碍竞争和结构变化。

（三）企业网络在环境管理中的作用

传统的地理学、经济学和社会学领域关于企业网络的研究基本上是侧重于区域创新、产业竞争力和主体间的相互作用过程等角度［霍茨－哈特，2000；格兰多里，1999；库默等（Comber etc.），2003］。但是，自20世纪90年代以来，产业生态学领域对企业网络的研究逐渐多了起来，但是，这里的"企业网络"与前述社会科学领域的"企业网络"的意义有所不同，产业生态学家称之为"产业循环网络"（Industrial Recycling Networks）［施瓦茨（Schwarz），1997］或"产业共生网络"（Industrial Symbiosis Networks）［米拉塔和埃姆特拉（Mirata and Emtairah），2005］。实际上，经济学领域和管理学领域在传统的商业网络研究的基础上，也逐

渐增加了对生态战略的关注［安德森和斯威特（Andersson and Sweet），
2002；哈里斯和普里查德（Harris and Pritchard），2004］。享有盛誉的国
际杂志"*Business Strategy and the Environment*"在其第 10 卷第 2 期，专门
辟出一期讨论网络在环境管理和可持续发展方面的贡献［鲁姆（Roome），
2001］。

环境管理的思想已经由 20 世纪 50 年代的"把环境问题作为一个技术
问题，以治理污染为主要管理手段的阶段"进入到自 90 年代开始的"把
环境问题作为一个发展问题，以协调经济发展与环境保护关系为主要管理
手段的阶段"，当然，这期间还贯穿着 20 世纪 70 年代末到 90 年代初的
"把环境问题作为经济问题，以经济刺激为主要管理手段的阶段"（叶文
虎，2000）。伴随着环境管理思想的转变，人们在生产领域增加了对环境
问题的关注，这其中，最鲜明的事例就是"产业生态学"的兴起［厄克
曼（Erkman），2002］。如前所述，产业生态学的核心之一就是"生物学
类比"，也就是与生物圈中的物质循环进行类比。

生物圈中的物质循环是生物圈向前发展的内在机制，它保证了地球上
生命的产生和延续，为各种生物系统的进一步发展创造了良好的条件。同
样，各种生物系统，包括人类系统在内，也只有在参加这一物质循环的前
提下才能够存在，并进而为形态越来越多的物质在生物圈内的运动提供保
证，最终使整个物质循环系统进一步复杂化、多样化和稳定。前苏联著名
学者瓦·罗·威廉斯说："要使数量上受限的有限元获得无限元的特征，
唯一的办法就是赋予其循环运动，迫使它在循环中转动起来。"

在绝大多数情况下，从一个生产过程产生的废弃物难以在同一个生产
过程中再利用，但却可以在另一个生产过程中实现再利用（施瓦茨，
1997）。假如产生这种废弃物的企业没有合适的可以再利用这种废弃物的
生产过程，就必须利用综合的企业之间的技术建成一个网络。这个网络向
外扩展足以包含其他企业，这个网络是上述废弃物能够被再利用的先决条
件。如此，一个企业的废弃物从数量和质量两个方面成为另一家企业的原
材料。也正因为如此，企业网络，特别是产业循环网络在环境管理中的作
用逐步凸显。很多的实例，包括著名的卡伦堡（丹麦）和施蒂里安（奥
地利）产业循环网络，都是最好的例证（施瓦茨，1997）。

三、《产业生态学进展》（Progress in Industrial Ecology）—— 一本国际杂志的发行

2004 年，Inderscience 出版集团（https：//www. inderscience. com）在其"能源、环境和可持续发展"主题部分发行了一个新的国际杂志——"*Progress in Industrial Ecology – An International Journal（PIE）*"。PIE 的目标在于学者、专业人员、商业当事人和政府间建立一个交流的渠道，利用跨学科的和国际的方法应对公司社会责任和组织间环境管理的挑战[①]。

在产业生态学领域，由耶鲁大学主办，MIT 出版社出版的《产业生态杂志》（*Journal of Industrial Ecology*）[②] 被公认为是该领域的纲领性杂志（埃伦费尔德，2004），它也是国际产业生态学会（IS4IE）的官方杂志。这本杂志着重关注如下一系列相关主题：物质和能量流研究（"产业代谢"）；去物质化和去碳化；生命周期规划、设计和评价；环境友好的设计；产品生产者责任；生态工业园（"产业共生"）；面向产品的环境政策和生态效率。由此可以看出，《产业生态杂志》的研究内容有着浓厚的自然科学传统。

与《产业生态杂志》相比较，《产业生态学进展》的研究内容更多的具有社会科学的味道。按该杂志的主编科霍伦（Korhonen）和斯特罗曼（Strachan）的说法（科霍伦和斯特罗曼，2004），这个新的学术杂志是为了在物质、能量流研究和面向商业、管理及组织研究的产业生态学研究之间构架一座桥梁，包括刚刚兴起的"公司环境管理学"（Corporate Environmental Management），目的不仅在于促进生态学方面的研究，而且在于产业生态学的社会、文化和经济方面的研究。

《产业生态学进展》致力于在物质、能量流分析；商业战略、环境管理和产业生态学；政府、环境政策措施和产业生态学及经济或产业系统与

---

① https：//www. inderscience. com/browse/index. php? journalID = 55，Accessed at Feb. 25，2006.

② http：//mitpress. mit. edu/catalog/item/default. asp? ttype = 4&tid = 32&xid = 13&xcid = 2475，accessed at Feb. 25，2006.

自然生态系统之间的比较研究等方面刊登高质量的研究论文。另外，还将在哲学与认知论框架、商业战略和产业生态学及可持续性网络和产业共生方面拓展研究（科霍伦和斯特罗曼，2004）。

所有这些研究主题都有助于弥补直到现在还被忽略的产业生态学的自然科学与工程方面（如物质、能量流分析或产业代谢）和商业研究、组织研究与管理方面的关联。刊登于这份杂志上的文献既有理论与方法论的研究，又有具体的实证和应用研究。如此，则可以将产业生态学的概念和战略以及现在被公司和组织在社会责任和公司环境管理方面经常使用的工具进行综合并应用于商业战略和公司环境管理系统（科霍南和斯特罗曼，2004）。

第二节 目前研究中存在的问题

尽管自 20 世纪 80 年代以来，国内外学术界对于可持续发展问题做了许多研究，但时至今日，可持续发展的许多理论与实践问题，尤其是城市区域尺度上的可持续发展模式问题，以及究竟怎样具体落实可持续发展战略、走可持续发展道路等一系列问题，尚未彻底解决。

在经济学、管理学以及社会学领域，对于企业网络的研究往往缺少对环境要素的关注；在产业生态学领域，对于产业循环网络和产业共生网络的研究往往缺少对区域背景的关注，亦即缺少对"区域适用性"的研究。

发展循环经济已被确定为我国"十一五"时期的一项基本国策，循环经济已经进入了从理论研究到实践推广的阶段。但是，很显然，循环经济的理论与实践研究均不成熟，与国际上有关产业生态学的研究还存在较大差距（Yuan、Bi and Moriguichi，2006）。就国际上来说，产业生态学也仍然处于其幼年时期（S. 厄克曼，2002），很多产业生态学理论仅仅是类比性的推论，亦即将人类产业系统与自然生态系统类比得来的，这类理论的正确性与完善程度还有待于进一步的实证研究，产业循环网络的研究也不例外。

第三节　本书研究的目的和意义

一、本书研究的目的

在"循环经济在世界范围内的促进与推广"、"企业网络在经济发展与环境管理中作用的凸显"和"《产业生态学进展》的发行"这样的大背景下，"网络化"（Networking）在经济发展、环境管理和可持续发展中的作用受到越来越多的重视。"网络化"也成为产业生态学在区域层面实践的主要途径。"网络化"在产业生态学领域主要表现形式为"产业循环网络"[E. J. 施瓦茨和 K. W. 施泰宁格（Steininger），1997]、"产业共生网络"（M. 米拉塔和 T. 埃姆特拉，2005）、"环境管理网络"[卡卢扎（Kaluza），1999]和"可持续性网络"[波斯奇（A. Posch），2004]等。

从 2004 年起，由我的导师陈兴鹏教授领导的课题组开始广泛研究循环经济如何在中国西部地区进行推广和实践的问题。在研究白银市政府委托课题《白银市循环经济发展规划》的过程中，作者开始考虑如何将在国外产业生态学实践过程中被广泛推荐的"产业循环网络"应用于白银这类资源型工业区域，这一思考随即成为本书研究的起点。

本书以白银市为例，开拓性地提出了"产业循环网络"在资源型工业区域的适用性问题。

本书选题的目的是：研究传统的产业循环网络理论能否应用于诸如白银市这类资源型工业区域，以及如何在资源型工业区域实践产业生态学（或循环经济）的基本原理。

二、本书研究的意义

可持续发展一直以来都是理论上的热点问题，自从可持续发展的概念被提出后，关于如何实现可持续发展的争论就从来没有停止过。本书以白银市为区域背景，研究资源型工业区域的企业网络与产业生态学实践，具有重要的理论与实践意义。

　　本书研究有助于寻求在中观层面上实践产业生态学原理、促进循环经济发展的有效途径，也能为在大力发展循环经济的背景下，如何发挥企业主体功能，促进有效环境管理提供实证支持。

　　地理学尤其是人文地理学以研究的区域性和综合性见长，立足于地理学的视角研究产业生态学实践能够得到很多有现实意义的结论［安德鲁斯（Andrews），2002］。到目前为止，还鲜有对于产业循环网络区域适用性的讨论。本书选择白银市作为实证研究的对象，讨论产业循环网络在资源型工业区域的适用性问题，并研究产业生态学原理在资源型工业企业实践的途径，不仅具有重要的理论意义，而且具有重要的实践意义。

　　从理论意义上讲，本书可以弥补国际产业生态学界在中观层面实践产业生态学原理的区域性问题研究上的缺失，也有利于在产业生态学和地理学研究之间架构一座桥梁，促进两个学科之间的交叉研究。

　　从实践意义上讲，本书对科学、有效地在诸如白银市这类资源型工业区域实践产业生态学或循环经济的原理具有重要的现实意义。当前，正值我国资源型城市转型的关键时刻，循环经济在全国范围内的促进和推广是一次绝佳的机遇。产业生态学或循环经济的原理必将为资源型工业区域的可持续发展提供新的思路。但是，由于这类工业区域的特殊性，使得人们不能轻易地将其他类型的工业区域的产业生态学实践经验生搬硬套到资源型工业区域。本书有利于澄清在资源型工业区域实践产业生态学原理的理论基础，为白银市以及其他资源型工业区域提供产业生态学实践的参考模式。

第四节　本书采用的方法和研究的技术路线

一、本书采用的方法

　　本书采用了定性与定量相结合的方法。在研究初期，通过查阅大量的国内外文献，逐步确定研究主题和研究思路，并做了大量的理论方面的准备工作。在研究过程中，两次企业问卷调查尤为关键。

在进行问卷调查时，我们遇到的第一个难点是，选择哪些企业作为调查对象？我们确定的选择调查对象的基本原则是：该企业在区域工业体系中地位与作用显著。在实地调研的初期（2005年8月），我们获得了白银市地税局提供的一份"白银市工业企业2004年税收情况统计表"，该表中只含有6家企业，即白银有色金属集团公司和甘肃银光化学工业集团有限公司、靖远煤业有限责任公司、甘肃稀土集团、国电靖远发电有限公司和甘肃长通电缆科技股份有限公司。同期，在与白银市发展和改革委员会的交流中，我们了解到，这6家企业不仅在区域税收体系中占重要地位，而且它们也是相关行业的代表性企业。虽然全市有超过100家的国有及规模（年销售收入500万元）以上非国有企业，但只有这6家企业关乎全区经济命脉。

第一次调查（2005年8~9月，见附录1）是在白银市发展和改革委员会的协助下完成的，这有利于利用地方知识，比较真实地研究企业的实际状况［P. 奥尔森和C. 福尔克（P. Olsson and C. Folke），2001］。调查的形式采取面对面访谈和问卷调查相结合的形式，调查问卷中的问题全部采取开放型问题的形式，原因是在这段时间，课题规划组成员对于白银市企业的生产状况和环境管理状况还不甚了解，即使是课题领导小组的成员（白银市各级政府官员）也同样了解不多（原因是惯常的统计资料并不涉及这方面的内容）。这次调查目的在于摸清企业的产品、生产过程和环境管理状况。调查收回的有效调查问卷8份，涉及6家企业，它们分别是：白银有色金属集团公司（白银有色铜业有限公司、白银公司第三冶炼厂、白银公司西北铅锌冶炼厂）、甘肃稀土集团有限公司、甘肃银光聚银化工有限公司、甘肃长通电缆集团公司、靖远煤业有限公司和国电靖远发电有限公司。

第二次调查（2005年11~12月，见附录2）是基于第一次调查的基础和中科院白银高新技术产业园管委会的协助完成的，调查完全采用问卷调查的形式。调查的主要内容是白银市企业间联系的形式、强度和形成的机制，企业的废弃物利用状况，以及各个企业对循环经济的认识。调查的目的在于为验证本书中提出的假设提供实证支持。这次调查问卷中的问题既有开放型的问题，也有封闭型的问题，这样可以有效地发挥这两类问题的优点和避免缺点，从而为研究服务（严辰松，2000）。此次收回问卷 17 份，其中 10 份来自落户高新技术产业园的企业，其余 7 份与第一次调查返回的问卷相比多了一个"甘肃银光化学工业集团有限公司"[①]。另外，"白银有色金属集团公司"作为一个整体，只返回 1 份问卷。由白银高新技术产业园返回的 10 份问卷，对所调研的问题均没有进行认真的回答，因此，这些问卷并不能扩大重点研究企业的范围。

研究中所用的资料和数据除大部分来源于上述两次企业问卷调查外，还大量来源于白银市的各种年鉴、规划文本、环境报表等。作为资料来源的正式出版物均以参考文献的形式列在书后，其余各种内部资料、规划文本等均以脚注的形式列出。

在研究企业网络的过程中，还采用了在当今社会学领域甚为流行的社会网络分析方法（刘军，2004），目的在于分析白银市资源型企业间的关系，探索企业间环境管理网络的有效途径。在研究如何在资源型工业区域实践产业生态学原理的过程中，作者采用了一种在当今环境管理领域较为流行的未来状态憧憬法［斯图尔特（Stewart），1993］，目的在于立足和尊重当事人的意见和地方知识体系［米切尔（Mitchell），2002］，获取产业生态学实践的有效途径。但是，无论采取的是何种方法，目的都是为研究服务，每种方法都有其优点，但也必然有其不足（蒋中一，1984）。

二、本书研究的技术路线

首先提出本书的基本假设；然后利用在白银市进行的实证研究来验证这些假设；在得出假设成立与否的基础上，根据调查研究的资料和结果，讨论在资源型工业区域实践产业生态学原理的途径（见图 1-4）。

---

① 甘肃银光化学工业集团有限公司的产品主要包括军工产品和民用产品两类，其中：军工产品在甘肃银光化学工业集团有限公司的名下生产，民用产品在甘肃银光聚银化工有限公司的名下生产。

研究目的：研究传统的产业循环网络理论能否应用于诸如白银市之类资源型工业区域，以及如何在资源型工业区域实践产业生态学（或循环经济）的基本原理

假设一：可以在传统企业经济网络基础上构建有利于可持续发展的环境管理网络

假设二：与已有的研究成果一致，环境管理网络的主要形式——产业循环网络同样能够适用于白银市之类的资源型工业区域，并能够成为产业生态学原理在这类区域层面实践的有效途径

实证一：白银市的企业网络

实证二：白银市企业环境管理

假设检验：产业循环网络的区域适用性研究

在资源型工业区域实践产业生态学原理的基本途径

全书总结与研究展望

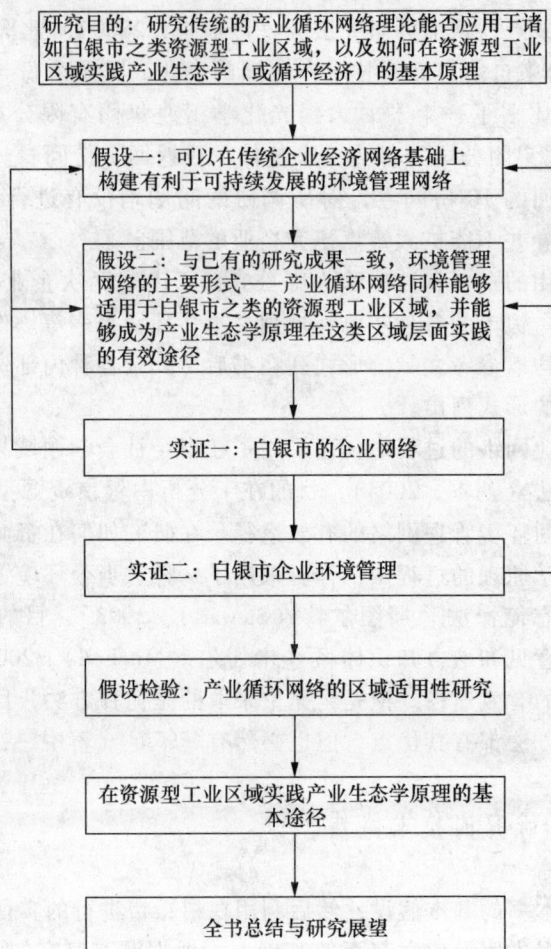

图1-4 本书研究的技术路线

第五节 本书的创新之处

本书的主要创新之处是：在循环经济、企业网络、产业循环网络、产业共生网络等理论基础上，提出了资源型工业区域实践产业生态学原理、

走可持续发展道路的一般途径。

1. 在研究方法上，本书突破了产业生态学领域对物质流和能量流的过分关注，以及地理学中对企业行为研究的较少关注，利用企业问卷调查的手段，从研究企业的行为和知识入手，开创性地将社会网络分析方法应用于环境问题的研究，利用未来状态憧憬法，在充分尊重企业知识的前提下，科学地研究了产业循环网络在资源型工业区域的适用性问题，并给出了在资源型工业区域实践产业生态学原理的基本途径。

2. 分析了"可持续发展"、"循环经济"、"产业生态学"、"清洁生产"和"污染预防"等概念之间的区别与联系，提出循环经济和产业生态学本质上一致的观点；并且认为，循环经济的理念与实践在中国绝不是20世纪90年代才有的事情，它至少可以再向前推20年，在中国，20世纪90年代后期应当被称为"循环经济"重新得到重视的时期；迄今为止，虽无统一的关于"循环经济"的定义，但各种定义之间却有两个共同点，即强调物质循环和强调可持续发展。

3. 根据可持续发展的概念提出了产业系统可持续发展的概念和本质，指出了"极限"和"需求"这两个可持续发展中的核心概念的内涵随着可持续发展理念的推广所发生的变化，以及这种变化为我们提供的促进产业系统可持续发展的创新思路，即："对产品数量的需求"变为"对产品功能的需求"；"可供利用的技术水平的限制"变为"自然生态系统作为'源'和'汇'两方面能力的限制"。前一种变化可以为我们提供这样的创新思路：增加产品的使用次数，延长产品的使用寿命；后一种变化则为我们提供了这样的创新思路：减少对化石资源的开采，同时减少废弃物的排放。

4. 提出企业网络是介于市场和企业之间的一种组织形式，企业网络是企业和市场的补充，而非替代。企业网络可以实现很多企业和市场这两种组织形式无法实现的功能，但要实现企业网络的功能，必须充分借助企业和市场的作用。虽然产业系统通向可持续发展，需要多种技术、政策、手段等，但是，通过网络化（Networking）使产业系统中的基本要素—产业组织（企业）—形成网络结构，实现物质、能量和信息等要素的循环将是产业系统和区域经济系统通向可持续发展的必要途径。

5. 修正了环境管理网络的概念，提出了环境管理网络的核心，界定了产业循环网络与产业共生网络之间的区别和联系。认为环境管理网络是在传统企业网络基础上发展起来的一种特殊网络组织形式，参与其中的主体可以是一定区域内的所有形式的社会主体，它们主要通过环境管理领域的合作，旨在促进该区域的可持续发展；环境管理网络的核心是当事者之间的合作和对可持续发展的共同憧憬；产业循环网络隶属于产业共生网络，产业循环网络只包括企业之间的物质联系，而产业共生网络不仅包括企业之间的物质联系，还包括企业之间的知识、人员和技术的联系。

6. 本书采用社会网络分析方法研究资源型工业区域内隶属于不同产业类型的企业之间的关系，借以探讨在传统企业网络的基础上构建环境管理网络的可能性，突破了传统上只是利用社会网络分析方法探讨隶属于同一产业类型的企业间关系并且缺乏对环境要素关注的局限。

7. 提出在环境管理理论与方法发展的第三个阶段，企业环境管理的概念应该做必要的修正。认为在新的历史时期，企业环境管理是指企业从企业战略决策的角度出发，旨在提高企业的可持续竞争优势而采取的各种有利于提高地方和全球的环境质量的措施。与传统的企业环境管理的概念相比，环境因素从一般管理成本的范畴向企业的战略决策转变，企业环境管理能力已经从一种控制法律风险的手段，变成可持续竞争优势的潜在来源。

8. 通过对资源型工业区域——白银市的实证分析，提出，可以在传统的企业网络的基础上构建有利于可持续发展的环境管理网络，但是，由于资源型工业区域的企业特征和资源禀赋的特殊性，使得环境管理网络的主要形式——产业循环网络难以适用于这类区域，要在资源性工业区域实践产业生态学原理，促进区域长期的可持续发展，必须依据企业特征和资源禀赋的特色，创新实践产业生态学原理的途径。

9. 提出构建环境管理网络不失为在资源型工业区域实践产业生态学原理的一般途径，以及在资源型工业区域构建环境管理网络的原则、方法和类型；提出了在资源型工业区域实践产业生态学原理的基本途径，即：行业内部的垂直环境管理网络、区域层面的侧向环境管理网络和从全球层面上创新改造资源型工业区域。

第二章　从传统企业网络到
环境管理网络

——通向可持续发展的合作途径

　　本章通过研究"网络化"对于可持续发展的意义和以可持续发展为目的的环境管理网络与传统的企业网络之间的逻辑关系等，提出本书的第一个基本假设：可以在传统的企业间的经济网络基础上构建有利于可持续发展的环境管理网络。

第一节　网络与合作对于可持续发展的意义

一、发展循环经济需要组织间的合作

　　当今，全球面临着严重的环境问题（依田直原，2001），这些环境问题一方面来源于对作为资源的环境（源）的浩劫性开采；另一方面，来源于对作为吸纳污染物的环境（汇）的持续增加的污染排放。解决这类环境问题的根本途径与产生环境问题的根源相对应：一方面，要减少对环境资源（主要是不可更新资源）的开采；另一方面，要减少污染排放，以增加环境的恢复功能（卡卢扎，1999）。

　　虽然人们对于产生环境问题的根源及解决环境问题的根本途径的认识是一致的，但是，对于解决环境问题的主要手段、措施等认识只有在最近的一二十年来才逐渐地趋于一致，这就是在美国等英语国家被称为"产业生态学"的方法和在德国、日本以及中国等国家被称为"循环经济"

的方法①。在年轻的产业生态学理论中，利用隐喻居于核心位置，这种情况也同样存在于循环经济理论中。隐喻没有错或对，只有有用或没用（埃伦费尔德，2003）。产业生态学试图对整个物质循环过程（从天然材料、加工材料、零部件、产品、废旧物品到产品最终处置）加以优化，以提高和维持环境质量（格雷德尔和艾伦比，2002）。循环经济的核心是物质的循环。发展循环经济，就是要使各种物质循环利用起来，以提高资源效率和环境效率（陆钟武，2003）。

　　企业是经济社会的基本单位，企业在环境问题上面临的来自各方面逐渐增加的压力，要求企业变被动环境管理为主动环境管理，在它们的生产过程、产品和组织结构等各个方面全面贯彻循环经济和产业生态学的理念。循环经济要求的物质在经济过程中持续循环，在很多情况下，由于技术和经济的原因，难以在同一个企业内实现。因此，很多企业借助于组织间合作来贯彻循环经济的理念（卡卢扎，1999）。据卡卢扎所述，企业网络作为一种组织间合作的形式，被认为是贯彻循环经济理念的有效形式。企业网络虽然已被广泛讨论作为解决一些特殊问题（如废弃物再循环）的合作途径，但被作为环境管理的全面方法，而获得显著的重要性却是近十几年来的事情。在循环经济发展过程中，支持所需的组织间合作的主要手段是现代组织和管理方法。

二、产业系统可持续发展需要网络化的组织形式

（一）产业系统可持续发展的本质

　　现在可持续发展概念之所以众所周知，是因为世界环境与发展委员会（World Commission on Environment and Development，1987）所提交的报告《我们共同的未来》，以及以当时的会议主席、后来的挪威首相布伦特兰（Gro Harlen Brundtland）的名字命名的布伦特兰委员会（The Brundtland Commission）。从布伦特兰委员会报告中最常引用的陈述或许就是：可持续发展是满足当代人需要，又不损害后代人满足其需求之能力的发展（米切尔，2002）。然而，可持续发展包含的两个关键概念却在相关陈述

---

① 正如第一章中所述，作者认为，"产业生态学"和"循环经济"在本质上是一致的。

中较少提及：一是需求（Needs），特别是世界上贫困人群的需求需要特别给予关注；二是限制（Limitations），由技术和社会组织所造成的环境容量在满足当代和后代人需求方面的限制（米切尔，2002；波斯奇，2004）。

如果将可持续发展的概念应用于产业系统，我们可以这样定义产业系统的可持续发展：产业系统的生产满足当代人需要，同时产业系统本身又不损害后代人满足其需求之能力的发展。这里也包含需求和限制这两个关键概念。一般来说，当今很多主流世界观的变化都是可持续发展的伴生物［沃尔纳（Wallner），1999］，对于产业系统的理解也不例外。应该说，在可持续发展成为主流世界观之前，"需求"和"限制"就是产业系统的两个主要概念。传统上认为，对于产业系统的"需求"是对其产品数量的需求；产业系统面临的"限制"是由于可供利用的技术水平导致的产品生产能力的限制。但是，随着可持续发展理念在全球范围的普及，对于产业系统的这两个关键概念的理解也发生了本质的变化。现在，我们应该认识到，对于产业系统的需求实质上是对其提供的产品"功能"的需求（艾尔斯，1999）；产业系统面临的"限制"是自然生态系统作为"源"和"汇"两方面能力的限制。

可持续发展不以简单性、线性系统为特征，相反，它将是一种以新的复杂性（Complexity）为标志的发展方式（沃尔纳，1999）。关于自然进化的一条最重要的基本规律是：只有太阳能才能被用来构造系统的复杂性［奥德姆（Odum），1983］。如果我们以逻辑上一致的方式将产业系统与自然系统进行类比，我们必须注意：如果产业系统只有依赖于化石资源才能构造和维护它的复杂性，那么，充其量只能称其为仿复杂性（Simulated Complexity）。在这种方式下，尽管企业具有多样性，而且它们之间存在强烈的相互作用和网络化，也不可能达到可持续状态。这种复杂性仅仅是不可持续的社会和经济的一个典型特征，它是以消耗生态圈和欠发达国家为代价的（沃尔纳，1999）。因而，产业系统可持续发展的本质是：当把化石资源排除后，产业系统能够继续维持甚至提升它的组织、结构和功能。

（二）生物体与产业组织的类比

生态学研究的基本单位是生物体，生物体在字典中被定义为"能够维持生命活动的具有内部结构的实体"。生物体具有一些共同特征，可以概括如下（格雷德尔和艾伦比，2003）：

（1）生物体能够独立活动。虽然不同的生物体的独立性相差很大，但是，它们都能够独立活动。

（2）生物体利用能量和物质。生物体消耗能量将物质转换成可利用的新形式，同时，将废热和废弃物以排泄和呼吸等方式排放到环境之中。图2－1描述了某个生物体中的能量流动情况。

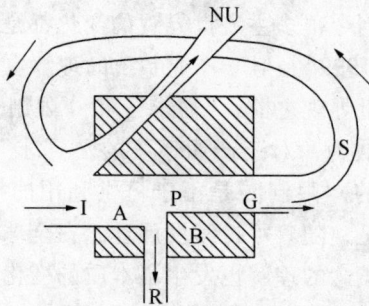

图2－1 生态学中单个生物体的能量流模型

说明：I代表摄入量；A代表吸收量；P代表生产量；NU代表未利用量；R代表呼吸量；G代表生长量；S代表储存量（如供未来使用的脂肪）；B代表生物体中的生物质。只有当输入和输出完全平衡时生物质才保持稳定。

资料来源：格雷德尔和艾伦比，2003年，第42页。

（3）生物体能够繁殖。虽然其后代的寿命和数量有着显著的差别，但是，所有的生物体都能够繁殖自身的后代。

（4）生物体具有应激性。生物体对温度、湿度、资源可获得性以及可能的繁殖伙伴等外界因素做出相应的反应。

（5）所有多细胞生物，都起源于单个细胞并经历生长的各个阶段。这个特点从蛾到人类的各种生物体中都得到体现。

（6）生物体具有有限的生命。与一些物理系统不同，比如，火成岩和变质岩，几乎可以永远地存在下去，生物体通常具有不同但有限的生命。

组织（Organization）这个词，不仅用来指有生命的东西，同时还代表任何与生物有相似的结构和功能的东西,因此,存在社会组织这类提法。但是,它是否适合产业活动呢?产业活动具有满足这种定义的实体吗?为了回答这个问题,我们从生物体特征出发,对一个候选组织——工厂(包括其生产设备和工人)——进行考察:

(1)产业组织能够独立活动吗?很明显,工厂和它的员工能够开展很多独立的活动,包括获取资源和转化资源等。

(2)产业组织是否消耗物质和能量,并且排放废热和废弃物?产业组织使用能量将物质转化为适合使用的新形式。产业组织将剩余的能量和残留物(包括固体、气体和液体残留物)排放到周围的环境中去。图2-2描述了与产业生态学相似的一个产业组织的能量流模型。

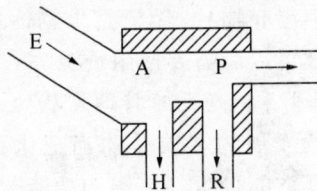

图2-2 产业生态学单个组织(例如一个生产企业)的能量流模型

说明:E代表能量输入;A代表吸收;H代表热损失;R代表呼吸量(如用来驱动电机的能量);P代表产出。与生态学不同,这里没有能量储存,而且组织的生物质是固定不变的。

资料来源:格雷德尔和艾伦比,2003年,第42页。

(3)产业组织能够繁殖吗?设计和建设一个产业组织的目的不是为了自我复制,而是生产无生命的产品(如铅笔)。一般来说,新的产业组织(工厂)是由工程公司来创造的,其任务是根据预期的要求来建设新的工厂,而不是简单地复制已有的工厂。如果繁殖被定义为制造与现有的组织完全相同的实体,那么产业组织不能够满足上述定义。但是,允许对定义的内涵做一些调整,我们可以认为,产业组织繁殖了相同或类似的组织。不同的是,产业组织的繁殖不是由单个组织自身完成的,而是由专门的外部实体来承担的。

(4)产业组织具有应激性吗?产业组织对外部因素,例如,资源的可获得性、潜在的客户、价格等外部因素能够产生相关的反应。

（5）产业组织经历不同的生长阶段吗？这个类比有些牵强，虽然很少有工厂在其整个生命周期中一成不变，但是，它们并不像生物体那样有序地、可预测地经历不同的生命阶段。

（6）产业组织具有有限的生命吗？这个特征显然满足。

综上所述，把工厂看成产业组织非常恰当，因为它像生物体一样消耗能量来转化物质。即使上述条件不能全部得到满足，产业组织的概念仍然有意义。"具有一定内部结构并维持生命活动的组织"被定义为生物体，这样，生物体似乎只需要两个基本条件：一是生物体不是被动的（比如，沉积岩或者一个咖啡杯）；二是生物体必须在其生命过程中使用物质（比如，一朵花或者生产洗衣机的工厂）。因此，组织能够生产其他的组织（獾能够生产小獾，工厂能够生产洗衣机），或者无生命的产品（獾能够排除粪便，工厂能够产生废弃物）。无论是生物体还是产业组织，其关键标志是在生产过程之中或者以后需要使用资源。

（三）网络化——产业系统通向可持续发展的必要途径

由于产业系统可持续发展的本质是"当把化石资源排除后，产业系统能够继续维持甚至提升它的组织、结构和功能"。这就要求在把化石资源排除后，产业系统还能满足人们的"需求"，又不至于突破自然生态系统的"限制"。产业系统只有采取创新手段，彻底改变当前主要依赖化石资源的不可持续发展模式，才有可能满足产业系统可持续发展的本质要求。

所幸的是，"需求"和"极限"已经随着可持续发展理念的推广而发生了认识上的变化，即："对产品数量的需求"变为"对产品功能的需求"；"可供利用的技术水平的限制"变为"自然生态系统作为'源'和'汇'两方面能力的限制"。前一种变化可以为我们提供这样的创新思路：增加产品的使用次数，延长产品的使用寿命。后一种变化则为我们提供了这样的创新思路：减少对化石资源的开采，同时减少废弃物的排放。

基于这样的思路，近年来，一门新的学科——产业生态学——迅速兴起［弗罗施和加洛波洛斯（Gallopoulos），1989；格雷德尔和艾伦比，1995、2003］，同时循环经济的思想也被广泛传播和接受。产业生态学的出发点是"生物学类比"，循环经济的出发点是 3R 原则，无论说法如何，但二者本质相同——仿效自然生态系统的运行规律，组织和管理产业生态系统运行，旨在实现可持续发展[①]。

自然生态系统的基本组成单位是生物体，产业系统的基本组成单位是产业组织，由前面的分析我们知道，二者基本结构相似，无论是生物体还是产业组织，其关键标志是在生产过程之中或以后需要使用资源。在自然生态系统中，资源（营养物质及其包含的能量）从一个生物体到另一个生物体，再到下一个生物体的转化就形成了一条食物链。食物链的主要环节是营养级，食物链通常有 4 个营养级：发掘者、生产者、消费者（分不同的级别）和分解者（格雷德尔和艾伦比，2003）。自然生态系统中的生物体处在不同的营养级上，通过食物链形成网络（Network）结构，依赖于太阳能，利用、转化和循环资源，亿万年来，生生不息。

在自然生态系统中没有废弃物（Waste）的概念，但在产业系统，废弃物却是一个普遍存在的概念。因此，传统的产业企业环境管理，主要是对生产过程中产生的废弃物的治理（徐锦航，1986；李惕川，1987）。减少产业系统对自然生态系统限制的威胁，同时又满足当代人及后代人对产业产品功能的需求，最直接的方法是再循环（Recycling），变废弃物为资源，暂时不能利用的废弃物作为残留物（Residue）被处置或储存，以供将来使用。但是，在很多情况下，废弃物从一个生产过程中产生，不能在同一个过程中再利用，只能在另一个过程中被利用。假如产生废弃物的企业没有合适的再利用和再循环的过程，就必须和其他企业通过综合的技术创造一个网络，以使一个企业的废弃物被用做另一个企业的原材料［施瓦茨和施泰宁格（Steininger），1997］。实际上，以废弃物利用为目标，利用废弃物（Bads）代替投入品（Goods）的企业网络在全世界已成为一个重要的发展模式。因此，循环网络可以非常有意义地被用做达到可持续发展的手段［斯特雷贝尔（Strebel）和波斯奇，2004］。

由生物体组成的自然生态系统按照它们资源流的线性程度可以分为 3 种类型（利夫塞特和格雷德尔，2002）：一级生态系统的线性程度和对外部的源和汇的依赖程度都最高；三级生态系统是另一个极端：循环程度最高，对外部的源和汇的依赖程度最低（见图 2-3）。对于一个一级生态系统，生态学中称为开放系统，流入和流出该系统的资源量与系统内部流动

---

① 详细论述请参考第一章。

的资源量相比大得多。二级生态系统与此相反，称为封闭系统。二级生态系统比一级生态系统有效得多，但是，从全球的长远发展来看，还是不可持续的，因为物质流动是单向的，可以说，这种系统是"衰减"的。为了实现可持续发展，地球生态系统经过长期的进化，已经使资源和废弃物的区别变得很模糊。系统某一环节的废弃物成为另一个环节的资源。这种实现物质完全循环（除了太阳能）的系统称为三级生态系统（格雷德尔和艾伦比，2003）。

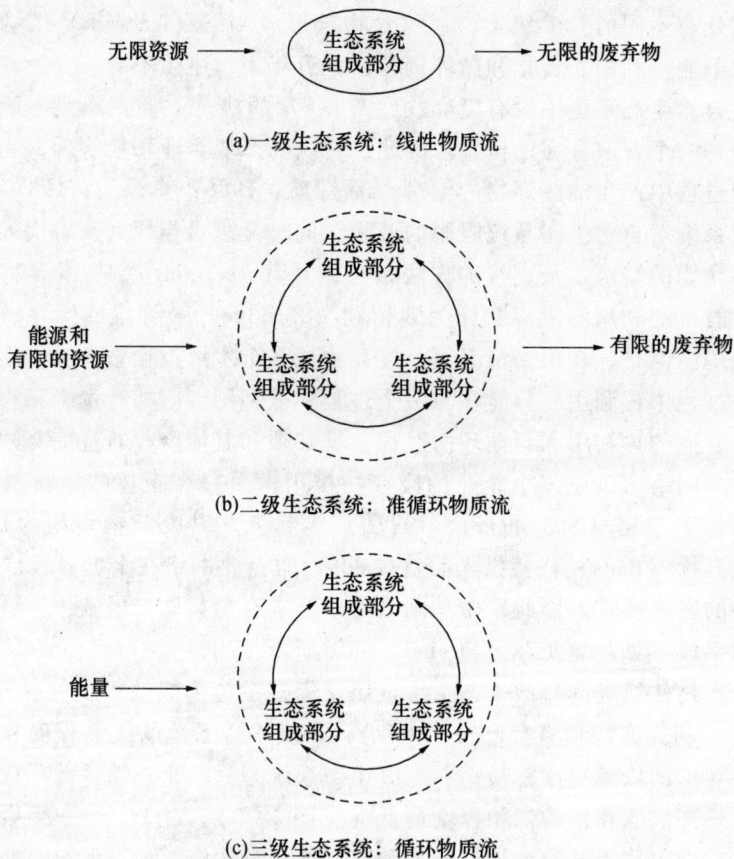

无限资源 → 生态系统组成部分 → 无限的废弃物

(a)一级生态系统：线性物质流

能源和有限的资源 → [生态系统组成部分] → 有限的废弃物

(b)二级生态系统：准循环物质流

能量 → [生态系统组成部分]

(c)三级生态系统：循环物质流

图2－3 生态系统的类型

资料来源：利夫塞特和格雷德尔，2002年，第5页。

40

使产业系统中的基本要素——产业组织（企业）——形成网络结构，实现物质、能量和信息等要素的循环（沃尔纳，1999；施瓦茨和施泰宁格，1997；波斯奇，2004），将是产业系统和区域经济系统通向可持续发展的必要途径。

产业系统对资源的利用，在理论上应该与自然生态系统循环模型相似。但是，就人类文明的进程来讲，人类对资源的利用更像一级生态系统那样，不受任何制约。这种资源利用模式基本上没有计划性，并且付出了很大的经济代价。如图2-4所示，产业生态学试图通过优化各种相关因素把技术系统从一级生态系统变为二级生态系统，甚至转变为三级生态系统（格雷德尔和艾伦比，2003）。

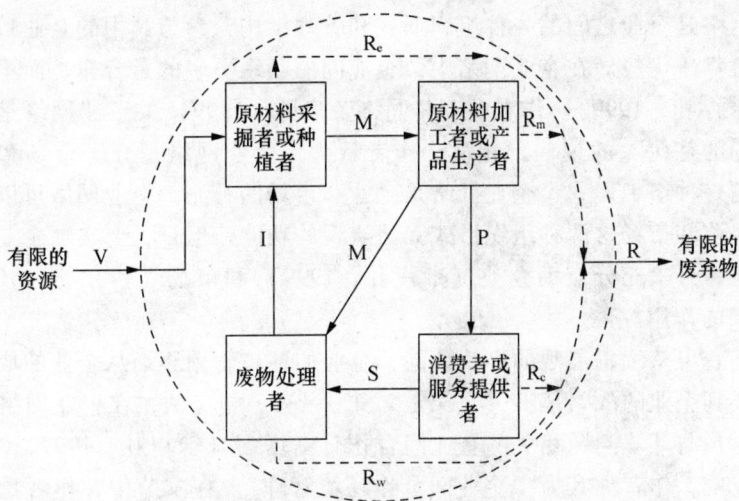

图2-4 产业生态学中二级生态系统的物质流模型

说明：V代表天然材料；M代表加工材料；P代表产品；S代表残留物；I代表不纯的材料；R代表未加收集的残留物，其下角e、m、c、w分别代表采掘者、生产者、消费者和废弃物处理者。

资料来源：格雷德尔和艾伦比，2003年，第52年。

综上所述，虽然产业系统通向可持续发展，需要多种技术、政策、手段等，但通过网络化（Networking）使产业系统中的基本要素——产业组织（企业）——形成网络结构，实现物质、能量和信息等要素的循环

（沃尔纳，1999；施瓦茨和施泰宁格，1997；波斯奇，2004），将是产业系统和区域经济系统通向可持续发展的必要途径。

第二节　从传统企业网络到环境管理网络

在第一章第一节，作者对企业网络的概念及其在经济发展和环境管理中的作用做了较为详细的论述。实际上，关于企业网络的一般定义还不存在，主要原因是不同学科的异质性决定的对"企业网络"研究方法的不同（卡卢扎，1999）。借用杨（2000）关于"网络"的定义，我们认为，企业网络是企业之间的一种组织形式和管理结构，参与其中的企业目的在于获得竞争优势。在企业网络中，企业间的联系更多的是合作，而不是竞争（卡卢扎，1999）。作者并不赞同格兰多里（1999）关于"网络是企业和市场的替代"的说法，相反，作者认为，企业网络是介于市场和企业之间的一种组织形式，企业网络是企业和市场的补充。企业网络可以实现很多企业和市场这两种组织形式无法实现的功能，但是，要实现企业网络的功能，必须充分借助企业（卡卢扎，1999）和市场［伊尔格（Illge），2004］的作用。

随着可持续发展观的广泛认同，企业的环境管理逐渐从企业的成本范畴跃迁到企业的战略范畴（见第五章第一节）。相应的，在企业网络这个层次上，与环境问题相关的企业间合作日渐增多（卡卢扎，1999），在本书研究中，作者称其为"企业间合作环境管理"。在本节中，作者重点论述环境管理网络与传统的企业网络之间的联系和区别。首先，讨论企业网络的一般特征，然后给出环境管理网络的概念，在此基础上，论述环境管理网络与传统企业网络之间的联系和区别。

一、企业网络的一般特征

企业网络包括多种形式，如商业网络、货物供给链、生产网络和创新网络（杨，2000），因而，参与其中的企业就可能有多种目的，一般包括提高核心竞争力、实现优势互补、提高专业化水平、获得成本优势，以及获得时间优势、接近资源市场等。需要注意的是，这些目的在其他形式的组织间合作中（如托拉斯、辛迪加、战略联盟和联合网络）也能实现。与这些组织间合作关系相比，企业网络一般具有以下三个方面的特征（卡卢扎，1999）：

1. 企业网络允许企业在所有可能的方向上发生联系。在所有的组织间合作关系中，水平的（相同的产业类型和相同的生产阶段）和垂直的（相同的产业类型和不同的生产阶段）联系占主导地位，企业网络中还包括侧向的（不同的产业类型和不同的生产阶段）联系。后两个方向上的联系可以认为是企业网络的优势特征，因为，企业要获取补足性资源，就必须到其他的产业领域或生产阶段去寻找。

2. 企业网络的建立没有时间限制。其他类型的组织间合作的建立往往有时间限制，一旦达到共同的目标，组织间的合作关系也就相继结束。而企业网络没有时间限制，此前建立的联系为此后组织间的行动提供了基础。这样，一个具有变化的互惠功能的持久网络就建立起来了。

3. 企业网络一般不会解散。假如一个参与企业离开网络，其余参与企业仍居于其中，如有必要，将吸收新的企业参与合作。

二、环境管理网络的概念

卡卢扎认为，环境管理网络是企业网络的一种特殊形式，参与其中的企业不仅在生产领域合作，而且主要是在环境管理领域合作（卡卢扎，1999）。其实，传统上认为，政府是环境管理的主体，但是，随着私有化（Privatization）、地方分权（Decentralization）和解除管制（Deregulation）思潮的发展［卡尼和法林顿（Carney and Farrington），1999］，在环境管理领域开始盛行合作环境管理（Cooperative Environmental Management）的理念，重点指的是政府和非政府组织（NGOs）在环境管理领域的合作［普卢默（Plummer），2004］。因此，笔者认为，环境管理网络的概念应该修正如下：

环境管理网络是在传统企业网络基础上发展起来的一种特殊网络组织形式，参与其中的主体可以是一定区域内的各种形式的社会主体，它们主要通过环境管理领域的合作，旨在促进该区域的可持续发展。

由于环境管理包含的内容广泛（叶文虎，2000；米切尔，2002），因而环境管理网络也包含多种形式，比如，在标准化方面的合作，在研究开发（R&D）方面的合作，在废弃物处理设备运行方面的合作，目标在于预防、减少和处理废弃物方面的合作。所有这些类型合作的共同特点是，参与者协同完成一定的与环境相关的任务（卡卢扎，1999）。环境管理网络的核心是当事者之间的合作和对可持续发展的共同憧憬（科霍伦，2005；波斯奇，2005）。

在最近的文献中，一种被称为"产业循环网络"（Industrial Recycling Networks）的环境管理网络受到人们越来越多的关注（施瓦茨，1997；埃伦费尔德，2002；斯特雷贝尔，2004）[①]。通过产业循环网络建立起循环经济模式，从而获得显著的生态效益和经济效益。在实践中，产业循环网络是环境管理网络的主要形式，但是，环境管理网络的范畴要广泛得多，它涵盖了环境管理的所有领域（卡卢扎，1999）。

这里，有必要澄清笔者在本书中为什么首先从"环境管理网络"和"合作环境管理"的概念，而不直接从产业生态学中比较流行的"产业循环网络"或"产业共生网络"和目前在国内比较流行的"生态工业园"的概念入手。原因是这样的：

虽然循环和废弃物利用是当今产业生态学的普遍主题，物质流分析也是产业生态学中一种非常重要的分析方法［布林格祖（Bringezu），2002］，但是，物质和能量的物理流动以及这些流动本身的特征只是网络参与者的偏好、憧憬、决策和行动的一个结果，而不是这些偏好和憧憬的驱动力量。不是物质和能量流构成了网络或网络参与者的憧憬，实际上是这些决定加入网络的参与者和确定憧憬的人决定了网络系统及其未来，这也就是为什么要强调环境管理网络内的当事者之间的交互作用和合作（波斯奇，2005）。

因此，要实现区域可持续发展，我们有必要把对区域物质和能量流的过度关注转到对这些物理流的决定者——区域产业网络要素（企业）——及其行为的关注。在区域产业网络中，企业是环境管理的主体，尤其是当环境管理成为企业发展战略的一个部分后，企业网络中必然包含

---

① 有关产业循环网络的详细论述，请参考第三章。

环境管理的成分，这时，组织内的环境管理变为组织间合作环境管理 [科霍伦，2004、2005；辛丁（Sinding），2000]，环境管理网络在传统企业网络的基础上建立起来。所以，笔者在本书中首先从"环境管理网络"和"合作环境管理"的概念入手。

三、环境管理网络与传统企业网络的比较

从环境管理网络的定义，我们知道，环境管理网络是一种特殊的企业网络形式，可以认为，环境管理网络是可持续发展的伴生物，它的原型和基础是传统企业网络。环境管理网络具有传统企业网络的一般特征，但是，与传统企业网络相比较，它们之间仍有显著的不同（卡卢扎，1999）。表 2-1 以传统企业网络中的生产和供给网络为例，对传统企业网络与环境管理网络进行比较。

表 2-1　　　　　　　环境管理网络与传统企业网络的比较

	生产和供给网络	环境管理网络
要素	❑ 生产者 ❑ 供应者	❑ 生产者 ❑ 供给者 ❑ 服务或循环的提供者
关系	❑ 合作 ❑ 产品交换	❑ 共同履行环境任务
地理尺度	❑ 地方或区域 ❑ 国家 ❑ 国际 ❑ 全球	❑ 最主要是地方或区域 ❑ 国家 ❑ 国际
关系方向	❑ 水平 ❑ 垂直 ❑ 侧向	❑ 垂直 ❑ 侧向
追求的目标	❑ 增效合作 ❑ 减少成本 ❑ 资源供给 ❑ 竞争优势 ❑ 核心能力	❑ 环境保护 ❑ 成本减少 ❑ 核心能力 ❑ 保障废弃物处理 ❑ 资源供给

资料来源：卡卢扎，1999 年，第 11 页。

在传统企业网络中，企业之间交换的是复杂的商品，而在环境管理网络中，企业之间交换的是不太复杂的物质。这些物质在供给者看来是废弃物，但是，在接受者看来却是有用的投入品（卡卢扎，1999）。在环境管理网络中，越是简单的物质越容易参与循环，越是复杂的物质越难参与循环。当一个企业的物质由于复杂程度较高而不能直接成为另一企业的投入品时，在经济上可行的情况下，就需要有专门从事提供循环服务的企业加入环境管理网络。

从地理尺度上来看，传统企业网络可能存在于从地方到全球的各个层次，但是，在环境管理网络中，一般空间尺度较小。因为远距离的资源获取需要消耗大量能量，而且由于政治和资源储量等制约因素，资源的长期供应具有很大的不确定性。

在环境管理网络中，水平方向的合作很少。因为在同一个生产阶段，物质的供给者和需求者很难匹配。在环境管理网络中必须要有来自不同的产业类型和不同的生产阶段的物质的供给者和需求者之间的合作（卡卢扎，1999）。按合作的方向，环境管理网络有两种主要类型：垂直环境管理网络和侧向环境管理网络（见图 2-5）。在垂直环境管理网络中，来自相同的产业领域但是不同的生产阶段的企业相互合作。这种类型的环境管理网络的一个例子就是汽车工业和电子工业内的供给者—消费者之间的合作。在这里，生产商召回使用过的产品（即汽车），经拆卸后将部件返回其供给者进行翻新或再循环［卡卢扎，1999；贝尔曼（Bellmann），2000］。侧向环境管理网络包括来自不同产业类型和生产阶段的企业。卡伦堡产业共生是这类网络的一个典型例证，这个地方的环境管理网络围绕火电厂这样的核心企业展开，并很快开始同一系列潜在的产业伙伴进行资源交换（卡卢扎，1999；埃伦费尔德，2002；格雷德尔，2003）。实际上，这两种类型的环境管理网络不能完全分开，尤其在构建区域环境管理网络时，往往需要这两种网络的混合形式。

环境管理网络追求的目标与传统的企业网络追求的目标有很多共同之处，如增加企业的核心能力、减少成本、保障资源供给等，但其仍有特别之处，如保障废弃物处理、保护环境等。

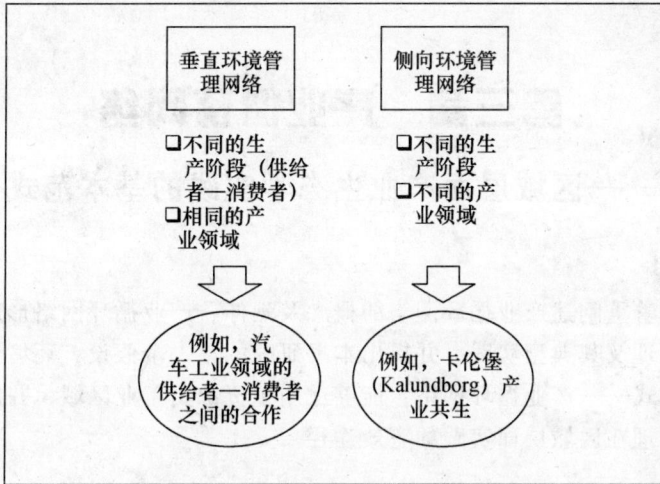

图 2 – 5 环境管理网络的理想类型

资料来源：卡卢扎，1999 年，第 13 页。

本章小结

企业网络问题一直是经济学、管理学等领域的热门话题，当用生态学视角重新审视企业网络的时候，人们发现，企业网络不仅具有重要的经济效益，而且具有重要的生态和环境效益。企业网络作为一种组织间的合作形式，被认为是贯彻循环经济理念的有效形式。近十年来，企业网络又被作为环境管理的全面方法，而获得显著的重视。当把产业系统与自然生态系统进行类比后，人们发现，网络化已成为产业系统通向可持续发展的必要途径。因此，环境管理网络在传统企业网络的基础上应运而生。

第三章 产业循环网络

——区域层面产业生态学实践的基本范式

本章着重阐述产业循环网络的概念及延伸、产业循环网络形成的制度经济学原理及其典型实践，并提出本书研究的第二个假设：环境管理网络的主要形式——产业循环网络，能够适用于资源型工业区域，并成为产业生态学原理在区域层面实践的有效途径。

第一节 产业循环网络的概念及延伸

施瓦茨在 1997 年提出了产业循环网络的概念，这个概念试图将自然生态系统的基本原则（例如，营养循环、次级系统的分散化和网络化）纳入传统的生产经济中。产业循环网络包含区域内不同的企业，它们通过"废弃物联系"相连接。两个企业之间的废弃物联系主要是指一个企业的废弃物是另一个企业的原材料。

此外，还有一个被人们广泛讨论的、与"产业循环网络"相似的概念——"产业共生网络"。共生是一个生物学术语，指"两种或两类有机体紧密地持续地生活在一起"。这个术语最早由德国植物学家 H. A. 德巴里（H. A. De Bary）在 1873 年用来描述地衣中真菌和藻类亲密的耦合关系。虽然大自然的安排可能是有益的，也可能是有害的，但是，共生被认为是互利的，这主要是指在一个处境中，至少两种物种以一种互利的方式相互交换物质、能量或信息［米勒（Miller），1994］。同样，产业共生由特定场所的不同实体之间的交换组成。它强调协作，因为通过协作，企业获得的集体利益将大于各个企业在单独行动时所能获得个体利益的总和，这样的协作还能够在参与者中产生社会价值，而且这样的社会价值还能够惠及参与者周边的邻居。尽管当下"生态产业园"这样的术语被广泛用于描述各种组织参与交换，共生也不必被限制在一个"园区"的严格边界内发生 [埃伦费尔德和彻托（Chertow），2002]。

生态学的共生关系是经历了长时间的进化才形成的。共生的概念也适用于技术系统。它们的区别在于，产业生态学的共生既可能在一定的机会下自然地发生，也可能通过规划形成。与未经规划的产业共生相比，经过规划的产业共生显然为开发对环境有利的产业生态系统提供了可能（格雷德尔和艾伦比，2003）。

米拉塔（Mirata，2005）注意到，参与到产业共生网络中的企业，旨在促进地方经济实体之间的合作，以获得环境改善的潜力。基于这一点，他将产业共生网络定义为：区域实体之间长期的共生关系的集合，既包括物质和能量的物理交换，也包括知识、人员和技术资源的交换，它们在增加环境收益的同时也增强了各自的竞争力。

从以上论述中我们知道，产业循环网络隶属于产业共生网络。产业循环网络只包括企业之间的物质联系，而产业共生网络不仅包括企业之间的物质联系，还包括企业之间的知识、人员和技术的联系。

循环网络使得废弃物变成资源，减少了对环境的压力，从这个意义上来讲，它是通向可持续性的手段。生产企业和循环网络不是孤立的机构，它们植根于特定的社区中。因此，可持续发展也是基于特定社区中所有成员的参与及其行为方式。从可持续性的角度，这样的社区可以称为"可持续性社区"，它们必须按照产业循环网络的方式来发展。一个可持续社区及其发展也是循环网络存在和成长的框架。因此，产业循环网络的思想是可持续发展和循环经济中产业综合的重要元素（斯特雷贝尔和波斯奇，2004）。

对资源的循环利用和梯级利用对产业领域的环境保护有重要的贡献，但是，环境保护显然远不止循环利用物质。我们不应该忘记，再循环是一种末端治理行为，因此，只能算得上是一个次优方案（斯特雷贝尔和波斯奇，2004）。再循环不是从源头避免或减少生产过程的负面产出，而只是通过再利用已存在的副产品减少对环境的负面影响。

近年来，企业网络对可持续发展的重要性获得越来越多的共识。例如，辛丁（2000）认为，企业如果要对可持续发展的目标做出显著的贡献，它们需要跳出狭隘的组织内的方法，主动地采取组织间的方法。因为产业生态学领域的中心议题是对物质流和能量流在系统层面和网络层面的描述和分析，又因为这些流是通过生产过程、企业和区域边界的，从而旨在减少产业的环境影响而发生的组织间的合作也应当成为产业生态学的中心议题（波斯奇，2004）。

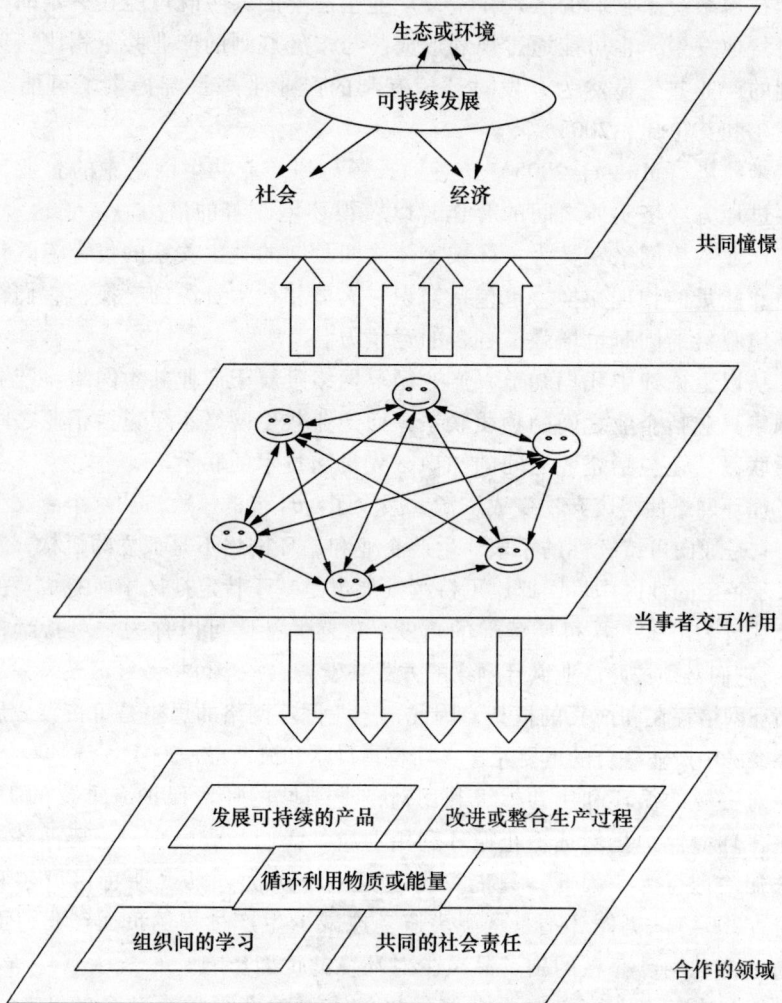

图 3-1 可持续性网络概念中的三个层次

资料来源：波斯奇，2004 年，第 339 页。

在此背景下，可持续性网络的概念应运而生，波斯奇（2004）将其定义为：地方或区域层面上对可持续发展表现出共同憧憬的不同当事者之间自愿的但有组织的合作系统。如图 3 - 1 所示，可持续性网络的概念可以被分解成 3 个层次。图中央的当事者这一层是最重要的层次。值得注意的是，憧憬层不直接与合作层相连，而是与处于中间的当事者层相连。这表明，需要利用当事者之间的交互作用将当事者共同拥有的对可持续发展的规范性憧憬转化成具体的行动，例如，组织间的循环、在发展可持续产品方面的合作或在改进或整合生产过程方面的合作、对于社会责任的共同接受或促进组织间学习和知识更新。

考虑产业循环网络的模型和可持续性网络的模型，问题产生了：在不同产业之间的这些组织间的循环行为是否能够用来作为在所谓的"可持续性网络"中更广泛的合作的起点？

在实践中，以再循环为目的的副产品的交换仍然可以被看做是可持续性网络中最重要的行为。因为根据热力学定律，每个生产过程都会产生副产品和废弃的能量，从而再循环理所当然地成为环境保护中一种重要的行为。然而，产业部门在环境保护方面的合作领域比起再循环要潜在地大得多（斯特雷贝尔和波斯奇，2004）。

第二节 产业循环网络形成的制度经济学模型[①]

一、企业间废弃物联系的制度经济学

企业间的废弃物联系，既可以依赖于市场，也可以依赖于企业网络来组织，这主要取决于建立废弃物流的成本和安全要素。在市场上，参与废弃物联系的企业会发生经常的变动；在企业网络中，参与者相对比较稳

---

① 本节内容主要参考施瓦茨（1997）。

定，保证这种"稳定性"的主要原因是参与者之间的"合作"。

为了区别企业在市场上和企业网络内废弃物的联系及其发展，我们首先需要从微观经济学的角度回答企业为什么会存在。经济学理论的焦点是市场交易，企业的内部联系可以取代市场交易，由企业之间的外部联系构成的市场交易也可以取代企业的内部联系，这主要取决于不同组织方式的交易成本。假如发生在企业内部的交易成本有效，则企业的存在是有理由的；否则，交易将通过市场或者在企业网络内（通过合作）发生。在最后一种情形下，可能存在不同程度的合约协议，合约协议的程度决定了交易在上述"企业内"和"市场"这两个极端之间的位置。

废弃物循环的组织也可以利用上述理论来解释。第一种情形就是，假如存在合适的处理过程，再利用将在企业内部发生；假如情况并非如此，则需要企业间的废弃物交换。

作为废弃物交换的一种情形——二手资源市场——很容易发展起来，就像较为常见的废旧金属、废纸或碎木等。发展这类二手资源市场的关键条件是：

（1）初级原材料与废弃物之间的价格显著不同，后者包含运输和处理成本。

（2）有确定的和容易测度的关于废弃物的质量标准，以使二手资源具有稳定的质量。

（3）有足够多的潜在参与者，他们具有使用废弃物的必要技术。

来自初级原材料市场和废弃物处置市场的压力进一步促进了二手原材料市场的发展。

"传统的"生产者经常使用废料经销者和废弃物处理者的服务。考虑到"自由"市场的信息不充分，如果不再使用这类服务，有可能发生较高的交易费用，因此，既定的联系往往被重复利用。在很多情况下，我们在一个区域内还观察到一定的"准垄断"。因此，即使废弃物在二手市场进行交易，废弃物交易的组织也经常倾向于相同参与者之间的较为稳定的联系。

假如废弃物没有在二手市场发生交易，也就是说，上述条件不符合，面向循环的合作就可能发生。废弃物常常是一种难以估价的商品，因而，确认潜在的供应联系以及监督和执行协议，就变得比较困难。面向循环的合作是一种长期的自愿的协作，通过这种合作，参与者均应能通过交换和利用废弃物来获得经济利益，如竞争力和效率的增加。

当需要投资建设处理设施或运输系统时，一次性的废弃物交换无利可图，在这一种情况下，合作特别可取。例如，在卡伦堡产业共生系统中，到 1994 年，网络参与者的总投资达到 6000 万美元，获得利润约 1.2 亿美元。至少在投资回收期内，企业需要承担投资的风险，而承担的方式主要通过合作协议的形式确定。进一步说，这些契约协议以质量、数量、价格等条款，确保废弃物的供给和处置，甚至还可以通过建立一个共同拥有的子公司来获得保证。

为了使合作更好地运行（也就是促进对潜在干扰的认识和监督），需要企业间进行面向主题的对话。这个对话要求对共同的术语达成共识，在信息领域内移除技术障碍，甚至在必要的情况下，安装一个信息系统，以促进不同部门之间的协作。

二、产业循环网络形成的模型描述

我们以一个函数 d_i 表示企业 i 需要处置的废弃物的数量，有：

$$d_i = H_i\ (x_i,\ r_i)\ A_i\ (r_1,\ \cdots,\ r_{m-1},\ r_{m+1},\ \cdots,\ r_n) \qquad (1)$$

式中，H_i 表示废弃物产生方程，取决于企业 i 的产出水平 x_i 及其用于在企业外部循环废弃物的投入 r_i。A_i 表示在产业循环网络内企业 i 所处的循环氛围[①]（当产业循环网络不存在时，$A_i = 1$），取决于网络中其他参与者用于在企业外部循环废弃物所投入的要素的数量 $r_{m \neq i} > 0$，因而，随着 r_m 的增加，A_i 从 1 向 0 减少，$1 \geqslant A_i \geqslant 0$。

因此，产业循环网络内的企业旨在减少自身需要处置废弃物的要素投入，能够创造对网络内其他企业有益的"循环氛围"。

函数的关系满足如下假设：

$$\frac{\partial H_i}{\partial x_i} > 0,\ \frac{\partial H_i}{\partial r_i} < 0,\ \frac{\partial^2 H_i}{\partial r_i^2} < 0,\ \frac{\partial H_m}{\partial r_i} < 0\ (m \neq i)$$

---

① 循环氛围是施瓦茨（1997）提出的一个概念，它类似于外部性，表示当企业投资建立企业间废弃物联系后，就在循环网络内产生了有利于其余企业建立废弃物循环联系的氛围。

企业在一定的产出水平下的目标是使处置废弃物的成本最小化：

$$C_i^w = \sum_j d_i^j e^j + \sum_f p_{ri}^f r_i^f \qquad (2)$$

式中，d_i^j 表示由企业处置的废弃物类型 j 的数量，e^j 表示废弃物类型 j 的处置成本，p_{ri}^f 表示企业 i 为了循环废弃物所投入的要素 f（如劳动力，资本）的价格，r_i^f 表示企业用于循环的投入要素 f 的数量。按照加权总量和价格指数的形式，方程（2）可以改写为：

$$C_i^w = d_i e + p_{ri} r_i \qquad (3)$$

每个企业根据个体最优化的原则，决定其要素投入，因而：

$$-A_i = \frac{\partial H_i}{\partial r_i} = \frac{p_{ri}}{e} \qquad (4)$$

从而，用于循环废弃物的要素投入 r_i，随处置成本 e 的增加而增加，随要素投入（用于循环废弃物）的价格 p_{ri} 的增加而减少①。

随着处置成本的增加，单个企业将其注意力转向外部的废弃物循环。但是，这种联系并不是一个连续过程，在很多情况下，有门槛值。当公共管理部门（地方、省级或国家层次上的政府部门）将处置废弃物成本增加到一个门槛值之上时，就会导致企业考虑通过废弃物循环重新组织其废弃物流。这样，循环单元和循环结构就被建立起来。还存在另一个门槛值，在那里，产生建立循环网络的动机，这个网络可以通过一定的组织来管理，例如，企业间的废弃物循环组织。

从上述模型中，至少可以得到以下两个结论：

第一个结论是：公共管理部门增加处置废弃物的成本，不仅可以在一个特定行业内引发直接的废弃物数量效应，而且可以达到创建产业循环网络的门槛值。此外，可以通过由 A_i 表征的间接效应，减少废弃物数量。就像我们在卡伦堡产业共生事例中看到的一样，这种间接效应可以扩展到其他产业部门。

第二个结论可以通过比较个体和集体的行为得到。在集体行为下（也就是，每个企业考虑其自身的要素投入 r_i 对循环网络中其他企业的有

---

① 施瓦茨（1997）认为，产业循环网络包含循环单元和循环结构这两个组成要素，从循环单元到循环结构再到循环网络，是一个时间和空间上的进化过程。

益的外部性），最优条件发生了变化。我们来看网络存在的情形，也就是说，$A_i \neq 1$。在只有两个企业的情形下，最优条件可以由下式给出：

$$-A_i \frac{\partial H_1}{\partial r1} - H_2 \frac{\partial A_2}{\partial r_1} = \frac{p_{ri}}{e} \qquad (5)$$

假设 A_i 和 $\frac{p_{ri}}{e}$ 在个体最优与集体最优两种情形下相等，因为 $H_2 \frac{\partial A_2}{\partial r_1}$，所以：

$$\left\{ -\frac{\partial H_1}{\partial r_1} \right\}_{集体} < \left\{ -\frac{\partial H_1}{\partial r_1} \right\}_{个体} \Leftrightarrow r_{1集体} > r_{1个体} \qquad (6)$$

这样，在考虑网络存在的时候，我们遇到了众所周知的公共产品供给的问题。在个体最优化的情形下，确定用于循环废弃物的要素投入 r_1 时，没有考虑对其他企业的（正的）外部性。从集体最优的角度来看，企业个体的要素投入，不但对促进网络的形成，而且对网络存在时的废弃物循环，都显得偏低了。也就是说，要形成产业循环网络，达到集体最优，企业个体需要增加在废弃物循环方面的要素投入。

三、保障产业循环网络经济可行性的政策措施

由上述模型中的标准经济分析我们可以看出，要保证产业循环网络的经济可行性，一方面，可以采取补贴政策，即对促进废弃物循环的要素投入进行补贴；另一方面，可以采取成本政策，即增加处置废弃物成本（或者采取这两种政策的混合形式）。就补贴政策来讲，可以采取如下两种模式：

（1）直接补贴企业 i，以补偿其用于循环废弃物的要素投入 r_i。

（2）补贴废弃物中介机构，使其为企业提供低于实际成本的服务（如与废弃物循环有关的准备和协调服务）。

在准备实施补贴政策之前，应根据补贴的成本来估算补贴将会获得的收益。此处，补贴的成本主要是监督和执行补贴过程中发生的成本。

一个区域内，相关联的企业越少，对单个企业的补贴与集体的经济边际产出之间的差别就越少。在只有少数企业的情况下，产业循环网络的组织成本往往由单独一个企业承担，尤其当绝大部分的废弃物处置成本由该

企业引致时（如高毒性的和大量的废弃物），这种情况更为真实，也因此，该企业成为此类产业循环网络的首要受益者。所以，该企业在网络构建中往往是最感兴趣的核心企业。

进一步说，在具有较低复杂性的产业循环网络中，参与企业及其之间的联系很容易被观察到，网络框架内的协调任务可以由个人来进行。而且，网络中企业的经理私人之间相互认识的可能性会增加，从而使问题的解决有了一定的非正式基础。在这种情况下，上述两种补贴方式均能奏效。

还有一种情况，补贴更为必要，那就是复杂的产业循环网络。相互联系的企业越多，单个企业越不愿意承担成本，因为这个成本起初也许只是使其他企业受益。在这种情况下，维持网络成员之间的联系，可能会导致不成比例地成本增加。因此，即使其具有较大的外部性，系统成员未必有足够的动机来承担诸如协调的任务（如果没有费用补偿）。在这种复杂产业循环网络情况下，由一个协调组织来执行或资助协调任务，就可能更加可取，也更应得到补贴。在这种情形下，如果直接将补贴资助给众多的企业，有可能导致高额的管理和监督费用。

补贴政策属于行政手段，而提高废弃物的处置费用属于市场手段。很多时候，即使实施补贴政策具有执行成本和监督成本，公共管理部门也更倾向于使用行政手段，而不太相信市场手段。然而，市场手段对废弃物减少具有间接的作用，这主要是通过达到产业循环网络创建的门槛值，创造了循环的氛围。

增加废弃物处置费用还能让企业有利可图，因为避免了废弃物的处置，从而使得企业的收益随废弃物数量的增加而增加。在建立补贴计划时，要考虑这种机制，以获得全面的有效产出。例如，由公共财政资助的废弃物中介组织，以固定的价格向企业提供信息服务，而不考虑企业的废弃物数量，就不是全面有效的。与废弃物数量结合的服务收费是值得考虑的，但也增加了对行政能力的要求。

决定是采用补贴政策还是废弃物处置成本政策的一个关键的要素是政策可行性。总的来说，补贴政策更为可取，但当财政预算较为紧张的时候，增加废弃物处置成本的政策也许更为可取。

不管是采用行政措施还是采用市场手段，使产业循环网络制度化，其结果都有助于从企业个体的最优情形转向产业循环网络中企业集体的最优情形。

第三节 产业循环网络的典型实例
——丹麦·卡伦堡[①]

一、卡伦堡的历史演变

丹麦的滨海工业城镇——卡伦堡（Kalundborg）是一个高度演化的产业共生网络（戈特勒和埃伦费尔德，1996）。18 条物理联系涵盖了卡伦堡产业共生中绝大多数的有形方面——亦即产业循环方面的内容（见图 3 - 2）。由于对卡伦堡产业共生研究的内容主要集中在物理联系上，而很少

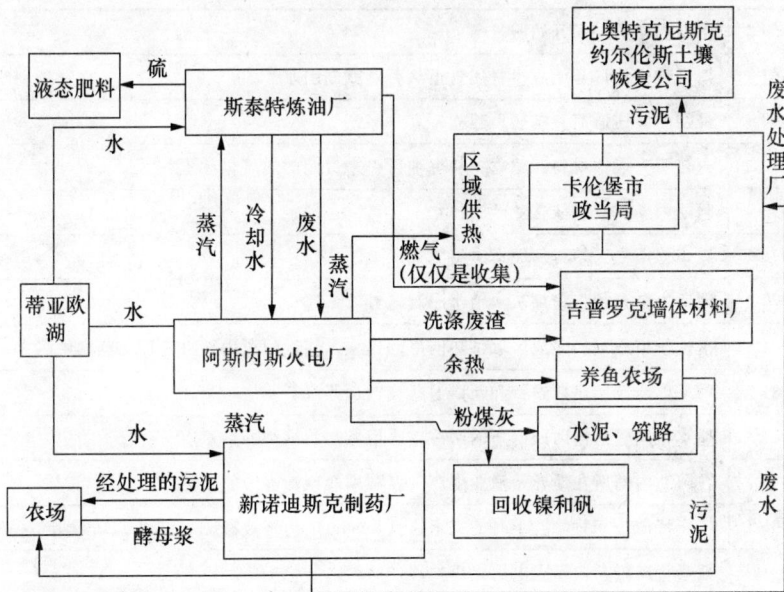

图 3 - 2　丹麦·卡伦堡产业循环网络示意图

---

① 本节内容主要参考埃伦费尔德和彻托（2002）。

包括米拉塔（2005）所指的产业共生中所应包括的知识、人员和技术资源的交换，因此，笔者更乐于将卡伦堡看做是产业循环网络的典型实例。在这个网络中已经发展起来的 6 个主要的地方参与者是阿斯内斯（As-naes）火电厂、斯泰特（Statoil）炼油厂、新诺迪斯克（Novo Nordisk）制药厂、吉普罗克（Gyproc）墙体材料厂、A－S 比奥特克尼斯克约尔伦斯（Biotcknisk Jordrens）土壤恢复公司和卡伦堡市政当局。市政当局内部的一些实体经销或使用废弃的蒸气和能量，将副产品转变为原材料。也有区外的企业参与进来充当由副产品转变成的原材料的接受者。这个共生网络是逐渐演化的（见表 3－1），30 多年来，没有过什么重大的规划，共生网络的发展得益于企业的经济动机：通过利用副产品获得经济利益并能够最大限度地减少遵守新的、越来越严格的环境法规所需的成本。

表 3－1　　　　　　　　卡伦堡发展年代表

1959	阿斯内斯火电厂开始服役
1961	斯泰特炼油厂开始服役；用管道从蒂亚欧湖引水
1964	最初的新诺迪斯克制药厂建立
1972	吉普罗克墙体材料厂建立，从炼油厂引来过剩的燃气
1973	阿斯内斯扩建；从蒂亚欧湖抽水
1976	新诺迪斯克开始将污泥运送给农民
1979	阿斯内斯开始将粉煤灰卖给水泥制造者
1981	卡伦堡市政当局完成区域供热网络的建立，使用阿斯内斯火电厂的蒸汽供热
1982	阿斯内斯开始向斯泰特和新诺迪斯克输送蒸汽
1987	斯泰特用管道向阿斯内斯输送冷却水用做初始锅炉补给水
1989	在阿斯内斯所在地开始渔业生产，以利用盐冷却水中的余热
1990	斯泰特向位于日德兰半岛的克米拉（Kemira）出售液态硫（结束于 1992 年）
1991	斯泰特向阿斯内斯火电厂出售处理过的废水
1992	斯泰特向阿斯内斯火电厂出售去硫的废燃气；开始利用副产品生产液态化肥
1993	阿斯内斯火电厂完成烟道气的脱硫项目，开始向吉普罗克提供石膏
1995	阿斯内斯火电厂建立再利用水池以收集水流供内部使用，减少对蒂亚欧湖的依赖

1997	阿斯内斯火电厂一半的生产能力从依靠煤炭转向依靠奥里乳化油（Orimulsion）；开始出售粉煤灰以回收矾和镍
1999	A－S 比奥特克尼斯克约尔伦斯土壤恢复公司利用卡伦堡市政当局的下水道污泥作为恢复污染土壤的生物修复滋养物

说明：奥里乳化油，是在天然沥青中加入水和表面活性剂，通过乳化而形成的流体燃料，含有 70% 自然沥青和 30% 水，是委内瑞拉国家石油公司的子公司 BITOR 公司的注册商标产品。

资料来源：埃伦费尔德和彻托，2002 年，第 337 页。

通过产业共生网络，资源得到更有效的利用，废弃物得到大幅度的削减。因此而获得的节约被列在表 3－2 中。

表 3－2　　　　　　　　卡伦堡避免的废弃物和节约的资源情况

通过交换每年节约的资源
水资源节约
斯泰特炼油厂：120 万立方米
阿斯内斯火电厂：总消费下降 60%
燃料节约
阿斯内斯火电厂：通过利用斯泰特炼油厂的燃气节约化石能源 30 万吨
通过社区阿斯内斯火电厂的蒸汽进行社区供热
投入的化学品或产品的节约
肥料等于新诺迪斯克的污泥（大约 1300 吨的氮和 550 吨的磷）
9.7 万立方米的固体生物量
2.8 万立方米的液体生物量
2 万公顷的农场使用斯泰特炼油厂用硫生产的商业肥料
1.7 万吨的石膏
回收的钒和镍
通过交操避免的废弃物
阿斯内斯火电厂 5 万~7 万吨的粉煤灰
阿斯内斯的洗涤废渣
阿斯内斯火电厂烟道排气中以硫化氢的形式排出的 2800 吨硫（大气）
新诺迪斯克水处理污泥（填埋地或海洋）
通过替代煤炭和石油避免二氧化硫 380 吨（大气）
通过替代煤炭和石油避免二氧化碳 13 万吨（大气）

资料来源：埃伦费尔德和彻托，2002 年，第 339 页。

二、卡伦堡的持续变化

没有仔细的分析，我们会得出想当然的结论：由于相互的依赖，卡伦堡的有效性将被限定在旧的技术桎梏之中。但事实并不支持这样的结论，实际上，卡伦堡是一个动态的和适应性系统。一些交换来了又去，如斯泰特炼油厂的硫酸生产；一些则一直存在，如利用阿斯内斯火电厂蒸汽供能的暖房；新的交换则被不断地进行评估。

一个新的参与者——A-S比奥特克尼斯克约尔伦斯土壤恢复公司在1999年加入该产业循环网络。这个公司利用市政下水道污泥作为修复滋养物，通过生物修复过程降解被污染土壤中的污染物质，这就开辟了一条新的再利用城市废水的途径。目前，一些循环网络中的参与者正在研究其他地表水源以节省地下水，并能缩短产流时间。参与者也通过建立共同的水源盆地，从更宽广的范围内研究水的再利用。阿斯内斯火电厂最近增加了一个25万立方米的集水"盆"，以改进对水流的管理。

电厂的燃料从煤炭变成奥里乳化油会改变废弃物流，这也就带来了新的交换机会。奥里乳化油中硫的含量为2.5%，而煤中硫的含量为1%。因此，能够从烟气脱硫系统中回收更多的硫酸钙，从而为石膏板的生产提供更多的原材料。另外，关闭旧的使用煤的生产单元能够产生有益的环境效果，因为奥里乳化油是无毒的。实际上，粉煤灰含有相当数量的重金属，如5%的镍和10%~15%的钒。除考虑到工人的健康安全之外，两类新的交换进入循环网络：从生产者的烟气流中回收和再利用镍和钒。

本章小结

一个企业产生的废弃物是在企业的内部循环，还是在二手资源市场上交易，或被企业网络内的其他企业利用，甚至交由市政当做废弃物处置，主要取决于不同组织类型的交易成本是否有效。以往的研究表明，产业循环网络已经被作为区域层面产业生态学实践的基本范式。

第四章　白银市的企业网络

本章研究白银市的企业网络特征，为进一步检验之前提出的两个基本假设提供了铺垫。因此，首先介绍白银市的自然、社会经济概况；然后讨论白银市的企业概况；最后利用社会网络分析方法，研究白银市资源型企业间的关系。

第一节　白银市的自然、社会经济概况

一、自然概况

白银市地处甘肃省中部，位于黄土高原和腾格里沙漠的过渡地带，海拔高度为 1275～3321 米，年降水量 110～352 毫米，年蒸发量为 2101 毫米，黄河流经全市 214 公里，流域面积 14710 平方公里。

境内矿产资源比较丰富，矿产种类多。至 1990 年年底，除探明且闻名于世的白银厂黄铁型铜矿产外，还探明和发现金属及非金属矿种有：铁、锰、金、银、铜、铅、锌、钴、镉、铟、硒、碲、铊、硫铁矿、伴生硫、重晶石、石膏、石灰岩、溶剂石英岩、水泥石灰岩、芒硝、萤石、陶瓷黏土、蛇纹岩、沸石、盐、煤、独居石、磷钇矿、麦饭石等。其储量居甘肃省第一的有烧胀黏土、铟、铊、镉。其储量居全省第二的有铜、铅、锌、硫铁矿、伴生硫、陶瓷原料、煤、硒、碲。其余为溶剂石灰岩占第 4 位，耐火黏土占第 5 位。这些矿产资源大致分为有色金属矿产资源、黑色金属矿产资源、非金属矿产资源和能源矿产资源（见表 4－1）〔白银市地

表 4 - 1 白银市矿产资源状况

类型	矿种	储量和分布
有色金属矿产资源	铜、铅、锌、钴、金、银、铟、铊、硒、碲、镉等	主要分布在白银区境内
黑色金属矿产资源	铁、锰	黑色金属矿产资源比较贫乏，多以小规模矿点、矿化点分布在白银、平川、景泰、靖远等地，品位都不高
非金属矿产资源	溶剂石英岩、溶剂石灰岩、水泥石灰岩、硫铁矿、伴生矿、耐火黏土、石膏、芒硝、盐矿、蛇纹岩、沸石、萤石等	非金属矿产资源丰富，矿种较多，境内各县区有不同种分布
能源矿产资源	煤炭、地热水	靖远煤田，矿床规模大、储量多，在省内仅次于华亭煤田；次为景泰县煤田，分布广、煤层小，难以开采利用。全市已发现和探明的煤炭产地有宝积山、红会、万家山三处，其余均为小型矿床和矿点 在会宁红色盆地中部，尚未开采利用

资料来源：《白银市志》（1999），第 80～81 页。

方志编纂委员会：《白银市志》（1999），第 80～81 页]。

二、社会经济概况

白银市是中华人民共和国成立以后随着矿产资源的开发利用而建立的新兴工业城市，1958 年设立市级建制，1963 年撤销，1985 年 8 月 1 日经国务院批准恢复建市。白银市是先有厂，再有市。据《白银有色志》（2004）[①] 记载，白银地名，起源于明朝初期的"白银厂"。新中国成立前的郝家川（白银所在地）是一个只有 7 户人家的小村，异常贫瘠落后。1951 年 5 月，国家地质计划指导委员会组织了 60 多人的地质队来到矿山，对白银矿区进行了地质矿产普查。1954 年 9 月 18 日，重工业部批准，于 9 月 28 日在兰州宣告正式成立"白银厂有色金属公司"。1956 年 6

---

① 白银有色金属集团公司编：《白银有色志》（1999），第 74～87 页。

月，国务院决定设置白银市，"白银"地名才正式确立。

诸如白银市这一类的中小型工矿城市的发展历程很好地代表了甘肃省的工业化进程，这类城市一般是按如下的程序发展起来的：首先，在一些具有开发条件的矿点（这些矿点一般远离中心城市），建立一个企业；随着资源开发规模的不断扩大，企业的规模也日益扩大，与之相适应的公共设施也相应发展起来了；随着矿产资源开发的深化，与之配套的辅助产业在不断发展，企业的产品也在不断扩散，最终形成了一个产业集群；产业集群的出现更进一步地促使了公共设施的发展，这样，一个围绕矿产资源开发的城市就发展起来了。这种从矿点—企业—产业集群—城市的最终形成的例子，以甘肃的铜城白银、镍都金川、钢城嘉峪关最为典型（甘肃省社会科学院经济研究所《工矿型城市中小企业》调查组，1994 年）。

白银市现辖白银、平川两区，会宁、靖远、景泰三县，全市共有 64 个乡，18 个镇，7 个街道办事处。辖区土地面积 2.12 万平方公里，其中市区 3478 平方公里。截至 2004 年年底，全市总人口 174.93 万人，其中城镇人口 52.19 万人，非农业人口 40.51 万人，人口规模居甘肃省第 9 位（白银市统计局，2005 年）。

白银市是国家重要的有色金属工业基地、甘肃重要的能源、化工基地和全省重要的黄河灌溉农业区。2004 年，10 种有色金属产量 36.42 万吨，比上年增长 42.02%，占全省总量的 35.22%。其中铜产量 6.55 万吨，锌产量 14.26 万吨，铝产量 12.83 万吨，铅产量 2.78 万吨；发电量 121.44 亿千瓦时，占全省的 26.7%；原煤产量 1066.46 万吨，占全省的 34.6%。

2004 年，全市国内生产总值 126.33 亿元，其中第一产业增加值 18.86 亿元，增长 5.85%；第二产业增加值 69.46 亿元，增长 17.51%；第三产业增加值 38.01 亿元，增长 9.15%。第二产业是经济增长的主推力。第二产业对 GDP 的贡献率为 71%，拉动经济增长 9.3 个百分点，其中工业对 GDP 的贡献为 51.98%，拉动经济增长 6.8 个百分点；经济总量处 14 个地州市的第 2 位；人均国内生产总值 7223 元，在嘉峪关、金昌、兰州、酒泉、张掖之后列第 6 位。全市经济总量特征有五：一是工业比重大。尽管近年来第三产业发展很快，建市以来以平均年增长 16.92% 的速度增长，但产业结构仍呈现"两头小，中间大"的局面，即第一、三产业比重较小，而第二产业（尤其是工业）比重较大。2004 年，第一、二、三产业结构为 14.9∶55.0∶30.1,工业增加值占全市经济总量的 42.63%。二是城市经济比重大。城市创造的增加值占全市国内生产总值的 65.1%。三是国有经济和公有制经济在国民经济中的比重较高,比重分别为51.5%、67.6%。四是重工业很重。重工业占全市工业总产值的 94.9%,占总资产的 97% 以上。五是中央、省属工业居全市工业经济的主体地位,其工业增加值占全市工业增加值的 66.2%(白银市统计局,2005 年)。

黄河提灌农业是白银农业的主导,2004 年,全市有效灌溉面积129.02 万亩,占全市耕地总面积的 1/3 左右,占 27.29% 的水地粮播面积,产出 74.3% 的粮食。全市粮食总产量达到 5.4 亿公斤,比上年增长2.22%。农村优势产业和特色产品发展壮大,新开工百万元以上农产品加工企业 30 个,龙头企业达到 132 家。特色支柱产业如蔬菜、养牛产业发展势头强劲,优势产业和优势农产品区域布局初步形成。小杂粮、啤酒大麦、食用菌产业形成一定规模,农业龙头企业有效地带动了农产品增值和农民收入的增加。近些年来,随着集雨节灌技术的推广,旱作农业发展也探索出了一些成功的经验和路子。农业基础条件得到改善,景电、靖会及兴电灌区延渠扩灌工程和农村人饮解困二期工程进展顺利。

第二节 白银市工业企业概况

由于本书的目的是研究产业生态学领域的"网络化"能否应用于诸如白银市这类资源型工业区域,以及如何在资源型工业区域实践产业生态学(或循环经济)的基本原理。就实际的情况来看,产业生态学领域"网络化"的主要形式是产业循环网络,重点是工业企业间废弃物的循环,所以,本书中所述的企业仅涉及白银市的工业企业。

一、市区工业企业总产值比重大

2002 年,白银市的国有及规模(年销售收入 500 万元)以上非国有企业中,66% 位于市区,这 66% 的企业产出了 96% 的工业总产值,吸纳了近94%的工业从业人员。与甘肃省其他5个主要工业城市相比较（见表4-2），白银市的市区工业总产值占地区比重以及市区工业年平均从业人口占地区比重都仅次于嘉峪关市（两者都是100%），位居第2位。

表4-2 2002年甘肃省主要城市国有及规模以上非国有工业企业状况

城市	工业企业数			工业总产值（万元）			年平均从业人员（万人）		
	地区	市区	市区或地区（%）	地区	市区	市区或地区（%）	地区	市区	市区或地区（%）
甘肃	1513	963	63.65	6408605	5682057	88.66	57.99	49.97	86.17
兰州	1004	682	67.93	3965228	3543032	89.35	29.83	25.02	83.88
嘉峪关	27	27	100.00	460124	460124	100.00	3.6	3.6	100.00
金昌	49	18	36.73	590323	466211	78.98	5.57	4.29	77.02
白银	67	44	65.67	793553	764857	96.38	9.86	9.26	93.91
天水	222	131	59.01	348620	312378	89.60	6	5	83.33
武威	144	61	42.36	250757	135453	54.02	3.13	2.8	89.46

资料来源：《中国城市统计年鉴》（2002）。

二、国有控股企业总产值比重大

2004年，白银市有国有控股企业24家，总产值1093215万元，占全部国有及规模以上非国有工业企业数（107家）的22.4%和其工业总产值（1375010万元）的近80%。

三、不同权属的企业之间差别巨大

在白银市的22个行业类别中，全部国有及规模以上非国有企业共有107家，其中市及市以下企业有92家，占86%，但这86%的市及市以下企业创造的工业增加值仅占全部工业增加值的22%。在全部的107家企业中,有34家亏损企业,其中有31家属于市及市以下企业,占91%(见表4-3)。

表4-3 　　　白银市不同权属国有及规模以上非国有企业状况比较

序号	行业	企业数		亏损企业		工业增加值(万元)	
		全部	市及市以下	全部	市及市以下	全部	市及市以下
1	有色金属冶炼及压延加工业	7	5	1	1	171856	6711
2	电力、热力的生产和供应业	6	2	0	0	112105	2131
3	煤炭开采和洗选业	16	14	3	3	48804	4892
4	化学原料及化学制品制造业	17	15	5	5	45074	15940
5	黑色金属冶炼及压延加工业	2	2	0	0	13526	13526
6	有色金属矿采选业	2	2	0	0	13014	13014
7	非金属矿物制品业	23	22	10	10	11645	11519
8	皮革、毛皮、羽毛(绒)及其制品业	2	2	0	0	9107	9107
9	农副食品加工业	12	12	4	4	6282	6282
10	电气机械及器材制造业	3	3	3	3	5166	5166
11	通用设备制造业	3	2	0	0	3798	3389
12	非金属矿采选业					2604	—
13	水的生产和供应业	1	1	0	0	1613	1613
14	纺织业	3	2	3	2	1302	1290
15	石油加工、炼焦及核燃料加工业	1	1	1	1	1164	1164
16	塑料制品业	1	1	0	0	476	476
17	通用设备制造业	2	1	1	0	289	108
18	工艺品及其他制造业	1	1	0	0	222	222
19	金属制品业	2	2	2	2	189	189
20	饮料制造业	1	—	1	—	155	—
21	木材加工及木、竹、藤、棕、草制品业	1	1	0	0	119	119
22	交通运输设备制造业	1	1	0	0	1	1
合计		107	92	34	31	448510	96858

资料来源:《白银市统计年鉴》(2005)。

四、资源型和高能耗型工业占主导地位

白银市年工业总产值1亿元以上的行业共有11个（见表4-4），其中直接以矿产资源投入为主的行业有6个，直接以农牧资源为原料的行业有2个，其余3个为间接的资源投入型行业。11个行业中，有9个属于高耗能行业。

表4-4　　　　　　白银市年工业总产值亿元以上行业排位

序号	行业	排名		
		工业总产值	工业增加值	利润
1	有色金属冶炼及压延加工业	1	1	5
2	电力、热力的生产和供应业	2	2	1
3	化学原料及化学制品制造业	3	4	8
4	煤炭开采和洗选业	4	3	2
5	黑色金属冶炼及压延加工业	5	5	10
6	有色金属矿采选业	6	6	9
7	非金属矿物制品业	7	7	4
8	皮革、毛皮、羽毛（绒）及其制品业	8	8	3
9	农副食品加工业	9	9	15（-）*
10	电气机械及器材制造业	10	10	19（-）*
11	通用设备制造业	11	11	7

注：* 这里的15和19表示对应的行业在白银市22个工业行业（见表4-3）中的排名。"-"表示该行业利润为负。

资料来源：《白银市年鉴》（2005）。

白银市有色金属冶炼及压延加工业、电力、热力的生产和供应业、化学原料及化学制品制造业、煤炭开采和洗选业等行业的代表性企业有白银有色金属集团公司（白银有色铜业有限公司、白银公司第三冶炼厂和白银公司西北铅锌冶炼厂）、甘肃稀土集团有限公司、甘肃银光聚银化工有限公司、甘肃长通电缆集团公司、靖远煤业有限公司和国电靖远发电有限公司。

白银公司已形成年采选矿量200万吨、铜铝铅锌40万吨、黄金3000

67

公斤、白银100吨、有色金属加工材料5.65万吨、硫酸48万吨、选矿药剂7900吨、氟化盐产品4.2万吨的综合生产能力。2004年，白银公司共生产铜铝铅锌35.22万吨、黄金533公斤、白银5.44万吨、有色金属加工材料8552吨、硫酸37.82万吨、选矿药剂5051吨，完成销售收入55.08亿元，完成工业产值54亿元。

银光公司通过大规模技术改造，高纯炸药产量居全国之首、亚洲第一，TDI现有生产能力达5万吨，为全国之首。

靖远矿务局先后进行了安全生产、瓦斯发电等技术改造。2004年，靖煤公司生产原煤736万吨，实现工业增加值为5.39亿元，并通过收购长风特电成为上市公司。

甘肃稀土公司已形成年处理3万吨稀土精矿的能力，可生产以储氢合金粉、抛光粉为代表的10大系列90多个品种200多种规格的产品，成为开采、选矿、冶炼一体化，产供销、内外贸相结合的现代化大型稀土企业。

靖远火力电厂和大峡水电厂总装机容量达到170万千瓦，全年总发量120亿度。

2004年，白银市有色、煤炭、电力、化工等支柱行业完成增加值为35.35亿元，占全市工业增加值的78.82%，建材、机电、轻纺等产业也在重新调整中得到了较快发展。

第三节 重点研究的企业

根据本书采用的方法和获得的企业调查结果，本书确定白银有色金属集团公司（白银有色）、甘肃稀土集团有限公司（甘肃稀土）、甘肃银光化学工业集团有限公司（银光化工）、甘肃银光聚银化工有限公司（银光聚银）、甘肃长通电缆集团公司（长通电缆）、靖远煤业有限公司（靖远煤业）和国电靖远发电有限公司（靖远发电）7家企业作为重点研究对象。结合第四章第二节的分析，我们认为，这7家重点企业能够较好地代表白银市资源型工业区域的产业特征，从而对这7家企业进行的重点分析，对本书的整体研究是具有代表性和典型性的（见表4-5）。

表 4 – 5 　　　　　　　　白银市代表性工业企业

企业名称	创建日期	主要产品	行业类型	所有制形式
白银有色金属集团公司	1954 年	铜铝铅锌等有色金属产品	有色金属冶炼及压延加工业、有色金属矿采选业	国有企业、集体企业
甘肃银光化学工业集团有限公司	1953 年	炸药	炸药及化工产品制造业	国有独资
甘肃银光聚银化工有限公司（隶属于银光化工集团）	2001 年	甲苯二异氰酸脂	化工产品制造业	股份制
靖远煤业有限责任公司	1958 年	煤炭系列产品	煤炭开采和洗选业	国有企业、股份制企业
甘肃稀土集团	1969 年	稀土产品及氯碱化工等	有色金属冶炼及压延加工业	国有企业
国电靖远发电有限公司	1986 年	火力发电	电力、热力的生产和供应业	国有企业
甘肃长通电缆科技股份有限公司	1999 年	电缆系列产品	电气机械及器材制造业	股份制企业

资料来源：笔者调查。

第四节　白银市重点企业的空间布局

一、区位要素对企业发展的影响

在一个工业区域，企业的发展显然地受到区位要素的影响，但区位要素对于企业发展的影响是进化的而不是静止的（常跟应，2004）。从进化的视角研究企业对区位要素评价，有利于动态地把握企业发展的动力机制。笔者在第二次企业调查中做了一项关于区位要素对企业发展影响的调查（见附录 2），经过量化的结果后列于表 4 – 6 中。

表4-6　　　　　　　　白银市重点企业对区位要素的评价

序号	区位要素	银光聚银	靖远煤业	靖远发电	银光化工	长通电缆	白银有色	甘肃稀土
1	接近原料地	4	4	4	4	2	4	-4
2	提供原料、配件的企业在当地的集聚	4	2	0	4	2	4	2
3	土地供给	4	2	2	0	2	4	4
4	技术中介组织	2	2	2	0	2	4	4
5	当地市场	0	4	0	2	4	4	2
6	优惠政策	2	2	0	4	2	4	0
7	便宜劳动力	2	2	0	2	2	4	2
8	高素质劳动力	2	2	2	4	2	-2	
9	接受本厂产品的厂家或销售商在本地的集聚	4		0	2	0	4	0
10	当地交通状况	4	4	2	-2	-2	-2	0
11	当地的环境保护法规	2	2		2	2	-2	0
12	当地供水状况	4	4	4	0	-2	-2	-4
13	当地的供电状况	4	2	0	0	-2	-4	0
14	污水废弃物处理设施	2		0	-2	0	4	-4
15	生产同类或类似产品的企业在当地的集聚	0	-2	0	0	-2	4	0
16	与沿海地区的远距离	0	-2	0	-4	0	-4	-4

注：4表示较大的正面影响；2表示定的正面影响；0表示没有意义；-2表示一定的负面影响；-4表示较大的负面影响。

笔者利用SPSS统计分析软件对表4-6中的数值进行了简单的描述和统计分析。

首先，对区位要素进行描述统计，结果列于表4-7中（按"平均值"降序排列）。平均值为负的有3项，即污水废弃物处理设施、生产同类或类似产品的企业在当地的集聚和与沿海地区的远距离。7个企业对16项区位要素的评价，平均值位于前三位的是：接近原料地；提供原料、配件的企业在当地的集聚和土地供给。其中，值得注意的是，对"接近原料地"评价最低的是甘肃稀土（-4），其他企业对此都给予较高的评价，这是因为甘肃稀土的生产原料主要来源于内蒙古稀土高科公司和青海盐业

表4－7			对区位要素进行的描述统计（N＝7）	
区位要素	最小值	最大值	平均值	标准差
接近原料地	－4	4	2.57	2.99
提供原料、配件的企业在当地的集聚	0	4	2.57	1.51
土地供给	0	4	2.29	1.38
技术中介组织	0	4	2.29	1.38
当地市场	0	4	2.00	1.63
优惠政策	0	4	2.00	1.63
便宜劳动力	0	2	1.71	0.76
高素质劳动力	0	4	1.71	1.80
接受本厂产品的厂家或销售商在本地的集聚	－2	4	1.71	1.80
当地交通状况	－2	4	0.86	2.79
当地的环境保护法规	－2	4	0.86	1.57
当地供水状况	－4	4	0.57	3.41
当地的供电状况	－4	4	0.00	2.58
污水废弃物处理设施	－4	2	－1.14	2.54
生产同类或类似产品的企业在当地的集聚	－4	0	－1.14	1.57
与沿海地区的远距离	－4	0	－2.00	2.00

公司①。

　　其次，对各个企业进行描述统计，结果列于表4－8中（按"平均值"降序排列）。除甘肃稀土外，其他6家企业对区位要素评价的平均值都为正。从评价的最小值来看，银光化工对沿海地区的远距离、白银有色对污水废弃物处理设施和与沿海地区的远距离等区位要素、甘肃稀土对当

　　① 要理解这一点，还是需要从甘肃稀土发展的历史来找原因。稀土公司是1969年年初为保证国家"493"重点国防工程建设需要建设的。前身为规模较大的铍冶炼厂即903厂。1972年7月改名靖远有色金属冶炼厂，1975年转产氯化稀土，1981年10月10日正式命名为甘肃稀土公司。1983年划归为中国有色金属工业总公司领导。由于建设初期基建交工时，尚遗留37项重点收尾工程，缺67项110台（套）关键设备，不但未达到设计生产能力，铍产品质量也达不到要求，致使产品无销路。从建厂到1976年从事铍生产期间，6年累计亏损1335.27万元，年均亏损250万元。1975年转产稀土后，生产形势日渐好转，亏损逐年下降（《白银市志》，第191～195页）。

地供水状况和污水废弃物处理设施等区位要素的平价都最低（−4）。从评价的最大值来看，每个企业都有评价最高的区位要素。

表 4 − 8　　　　　　　对企业进行的描述统计（N = 16）

企业名称	最小值	最大值	平均值	标准差
银光聚银	0	4	2.50	1.55
靖远煤业	−2	4	2.00	1.79
银光化工	−4	4	1.00	2.42
靖远发电	0	4	1.00	1.46
长通电缆	−2	4	0.63	2.03
白银有色	−4	4	0.38	3.36
甘肃稀土	−4	4	−0.13	2.78

总体来看，白银市重点企业的原料指向性明显，土地供给、优惠政策等区位要素对企业的发展具有明显的正面影响。但与沿海地区的远距离、污水废弃物处理设施的缺乏也对企业的发展带来了比较明显的负面影响。

二、白银市企业空间布局特征

由于上述的白银市的自然条件、社会经济状况和工业企业的基本特点，加之历史的原因，白银市企业形成特有的空间布局（见图 4 − 1），可以概括为以下基本特点：

（1）重点企业集中在市区分布。

（2）重点企业表现为典型的资源导向型布局。

（3）一个重点企业往往代表一个重点行业，一个重点企业旗下的子公司集中布局。

由于上述工业企业布局的基本特点，使得白银市企业间的联系比较紧密。正是基于这些基本特点，白银市的企业在一定程度上已经具有一定的网络结构，尽管这种网络结构仍处于比较初级的阶段。下面将利用社会网络分析的方法研究白银市企业网络的基本特点。

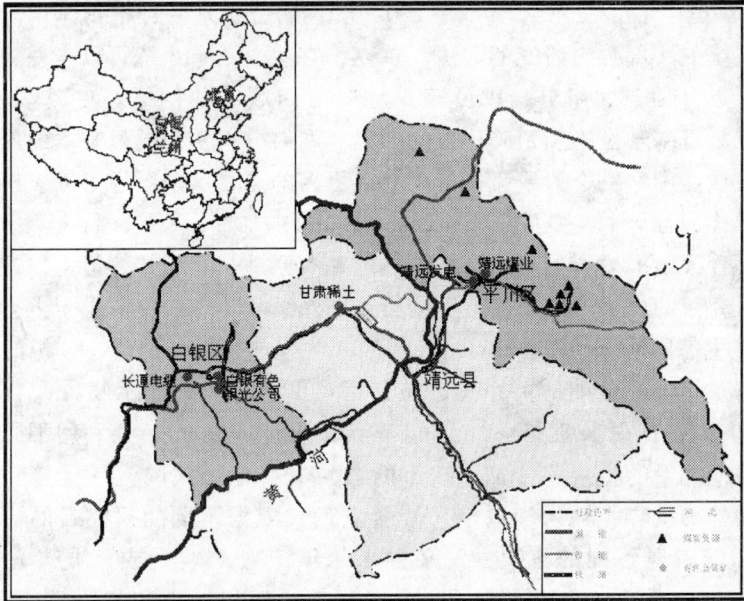

图 4 - 1 白银市重点企业和矿产资源分布图

第五节 白银市企业网络分析

一、引言

什么是网络? 简单地说, 就是事物以及事物之间的某种关系构成一个网络 (刘军, 2004)。网络无所不在, 例如, 在生态系统内, 各种生物以及生物和环境之间通过食物链形成的生态网络; 在经济活动中, 各个国家通过贸易协定形成的国家间的贸易网络 (如世界贸易组织); 在社交活动中, 人与人 (或人与组织、组织与组织) 之间形成的关系网络; 随着信息技术的发展, 已经形成并进一步拓展、深化的互联网络; 等等, 不胜枚举。

随着网络研究的深入, 一种新的分析方法——网络分析 (Network Analysis）诞生了［法思（Fath），2004］。网络分析是一种把物体作为一个较大系统的一部分来研究的方法。首先，它假设一个系统可以表现为一个具有节点（顶点、组分、成员等）和节点间联系的网络。在数学方面，网络分析是基于图论和矩阵代数的形式。网络分析实现的最基本的形式是图，在该图中，一个边或弧连接两个或更多的点。这个图还可以表现为矩阵的形式，称为邻接矩阵（Adjacency Matrix）。

尽管不同的学科使用的网络分析的基本原理是相通的，但是，针对不同的研究目的，又产生了具有不同特点的网络分析方法。诞生于生态学领域的"生态网络分析"（Ecological Network Analysis，ENA），分析的重点是生态系统内组分间的关系，它需要指定个体组织，表示物种或营养级［约德齐斯和瓦恩米勒（Yodzis and Winemiller），1999］，并利用不同组分间物质或能量的直接流（加了权重的边）和其他形式的流（连接网络与系统的外部世界：输入和输出）连接它们。根据不同的研究目的，那些通量可以表现不同的流通：每平方米每年流通的碳（或氮或磷）的量（克）；每公顷每月流通的热量（大卡）等［阿里西纳和邦达瓦利（Allesina and Bondavalli），2004］。

诞生于社会科学领域的"社会网络分析"（Social Network Analysis，SNA），分析单位主要不是行动者（如个体、群体、组织等），而是行动者之间的关系。它的核心在于从"关系"的角度出发研究社会现象和社会结构。由于社会结构既可以是行为结构、政治结构，也可以是社会结构、经济结构，所以，社会网络分析的概念和方法已经在多学科中得到广泛的应用（刘军，2004）。

1996年，安德烈·李帕里尼与亚历山德罗·洛米发表于EMOT（转型中的欧洲管理和组织①）的工作研讨会，题目是《企业网络：结果和政策建议》（*Interfirm Networks：Outcomes and Policy Implication*）的论文，使用社会网络分析的方法分析了意大利摩德纳生物医学产业的组织间关系。

---

① "转型中的欧洲管理和组织"（EMOT）研究项目，是由安娜·格兰多里（Anna Grandori）和理查德·怀特莱伊（Richard Whyttley）主持的为期5年的一个欧洲自然科学基金研究项目（1993～1997），该项目为欧洲的学者讨论欧洲各国企业组织和管理的比较和演化分析的研究问题提供了一个论坛。

后来，这篇文章被收录在由安娜·格兰多里主编的《企业网络：组织和产业竞争力》（*Interfirm Networks：Organization and Industrial Competitiveness*）一书中（安娜·格兰多里，1999）。从安德烈·李帕里尼和亚历山德罗·洛米的研究中可以看出，社会网络分析的方法可以有效地用于企业间组织关系的研究，从而为发挥不同类型的企业在网络中的作用以及企业网络本身的作用提供可行的理论和实践上的指导。

在这一理论背景下，笔者对白银市重点资源型工业企业在产品、副产品或废弃物方面的关系展开研究。白银市是典型的资源型城市，白银的企业类型以资源型企业为主，资源型工业和高耗能工业是白银市循环经济发展的重点领域①。笔者研究白银市资源型企业网络的目的，首先在于揭示白银市企业网络的基本特点，从而使企业不是用偶然的外部联系这一短期机制来获取竞争能力，而是利用网络拓展其知识基础，达到整个网络的互利和共生（安德烈·李帕里尼、亚历山德罗·洛米，1999）。其次，为检验在第二章和第三章中提出的假设和提供进一步研究的基础。

二、方法和数据

（一）企业网络的边界

本书中确定的企业网络的边界是根据白银市工业的实际情况（见第四章第二节）和笔者及其他相关人员所做的企业调查的结果确定的（见第四章第三节）。

首先，由第四章第二节的分析可知，白银市的企业类型以资源型企业为主。

其次，由第四章第三节的内容可知，本书重点研究及收集到信息的企业有7家。

最后，为了构建相对完备的白银市企业网络边界，笔者增加了一个虚拟的"区外企业"（白银市区域范围以外企业）以表现白银市区域范围内各企业与区域外企业的联系。

因此，本书的企业网络的边界包含8个实体，它们分别是：白银有

---

① 兰州大学资源环境学院、白银市人民政府：《白银市循环经济发展规划》，2005年12月。

色、靖远煤业、靖远发电、银光聚银、银光化工、甘肃稀土、长通电缆和区外企业。

这里可能有人会问，"才8个实体，能叫网络吗？研究有意义吗？"首先，网络是指实体及实体之间的关系，并不在于网络实体数量的多少，实际上，社会网络分析中，很多的都把"三方组"（由3个点及其之间的可能存在的关系构成的一个点生子图）作为分析单位，而且，即使只有两个实体，也可以看成一个网络。其次，网络分析中使用的数据是"关系数据"，而统计分析中采用的数据多是"属性数据"，在统计分析中，分析结果的显著性与样本点显著相关，但是，网络分析中不存在这样的限制，这也是网络分析方法与统计分析方法重要的区别之处。因此，这里研究是否有意义与分析的实际问题有关，而与网络中的实体的多少无关。

（二）相关信息的收集

本节分析的数据全部基于作者所做的有关白银市企业间联系的企业调查（见附录2）。由于有第一次企业调查的基础，此次调查相对比较顺利。问卷中要求企业回答"企业间联系的形式和强度"以及"企业间联系形成的机制"（详见附录2）。在附录2的问题"二、1"中要求各企业回答"与本企业有联系的企业名称"和"联系的形式"。企业的回答表明，白银市企业间联系的形式绝大部分是最终产品的联系，只有很小部分是副产品的联系，几乎不包括其他形式的联系。因此，我们对关系内容做了区分：最终产品联系和副产品（或废弃物）联系。

在关系数据集合中，使用有向两分评价系统来判断是否有"联系"的存在（相关概念请参考刘军，2004年）。收集到的相关信息被归为3个8×8矩阵中，即"总体联系"、"产品联系"和"副产品或废弃物联系"。

在"总体联系"中，如果在"产品联系"和"副产品或废弃物联系"中的纵向和横向的企业至少有一个关系，那么，在其交叉框中添入"1"（见表4-9至表4-11）。

（三）度量方法

研究采用 UCINET 6 软件［博加蒂、埃弗里特和弗里曼（Borgatti, Everett and Freeman），2002］来分析数据。由于此处的研究是初步的，笔者采用了关系而非位置性因素做分析。

表 4 – 9   白银市企业网络总体联系的邻接矩阵

	白银有色	靖远煤业	靖远发电	银光聚银	银光化工	甘肃稀土	长通电缆	区外企业
1. 白银有色	1	1	1	1	1	1	1	1
2. 靖远煤业	1	1	1	1	1	1	0	1
3. 靖远发电	1	1	1	1	1	1	1	1
4. 银光聚银	0	0	0	1	0	0	0	1
5. 银光化工	0	0	0	0	1	0	0	1
6. 甘肃稀土	0	0	0	1	1	0	0	1
7. 长通电缆	0	0	1	0	0	0	1	1
8. 区外企业	1	0	1	1	1	1	1	1

表 4 – 10   白银市企业网络最终产品联系的邻接矩阵

	白银有色	靖远煤业	靖远发电	银光聚银	银光化工	甘肃稀土	长通电缆	区外企业
1. 白银有色	1	1	1	1	1	1	1	1
2. 靖远煤业	1	0	1	1	1	1	0	1
3. 靖远发电	1	1	1	1	1	1	1	1
4. 银光聚银	0	0	0	0	0	0	0	1
5. 银光化工	0	0	0	0	0	0	0	1
6. 甘肃稀土	0	0	0	1	0	0	0	1
7. 长通电缆	0	0	1	0	0	0	0	1
8. 区外企业	1	0	1	1	1	1	1	1

表 4 – 11   白银市企业网络副产品或废弃物联系的邻接矩阵

	白银有色	靖远煤业	靖远发电	银光聚银	银光化工	甘肃稀土	长通电缆	区外企业
1. 白银有色	1	0	0	0	0	0	0	0
2. 靖远煤业	0	1	0	0	0	0	0	0
3. 靖远发电	0	0	1	0	0	0	0	0
4. 银光聚银	0	0	0	1	0	0	0	0
5. 银光化工	0	0	0	0	1	0	0	1
6. 甘肃稀土	0	0	0	1	0	0	0	0
7. 长通电缆	0	0	0	0	0	0	1	0
8. 区外企业	0	0	0	0	0	0	0	1

我们用密度（Density）来表示各个企业之间联系的紧密程度；用中心度（Centrality）来表示企业网络中任何企业在网络中占据的核心性；用中心势（Centralization）刻画企业网络图的整体中心性。我们对中心性的度量采用了三种方式：度数中心性（Freeman's Ddgree Centrality）、中间中心性（Freeman Betweenness Centrality）和接近中心性（Closeness Centrality），分别用以测度企业是否"杰出"、企业在网络中的控制能力和企业在网络中分享信息（这里"信息"指一切在企业网络中发生流动的产品、原料、副产品、废弃物、信息、知识等。下同）的能力（见表4－12）。一个较高的中心度分数说明这是网络中发生活动的地方，这一方法也可以表明一个参与者沟通的能力：处于中心地位的企业更容易获得信息，拥有更大的能量、更高的地位和更强的影响力（安德烈·李帕里尼、亚历山德罗·洛米，1999）。

在该网络中，中心度有两种形式：内向的和外向的。内向的是指其他参与者认为与该企业有特殊关系（即"接入"关系数目），外向的是指被企业认为有特殊关系的其他参与者的数目（即"发出"关系数目）。

表4－12　　　　　　　　　　　点的中心度和图的中心势表达式

	度数中心性	中间中心性	接近中心性
绝对点度中心度	$C_{AD}(i) = i$ 的度数	$C_{AD_i} = \sum_{j}^{n} \sum_{k}^{n} b_{jk}(i)$ $j \neq k \neq i$ and $j < k$	$C_{AP_i}^{-1} = \sum_{j=1}^{n} d_{ij}$
标准化中心度	$C_{AD}(i)/(n-1)$	$C_{AB_i} = \dfrac{2C_{AB_i}}{n^2 - 3n + 2}$	$C_{RP_i}^{-1} = \dfrac{C_{AP_i}^{-1}}{n-1}$
图的中心势	$C_{RD} = \dfrac{\sum_{i=1}^{n}(C_{RD_{max}} - C_{RD_i})}{n-2}$	$C_B = \dfrac{\sum_{i=1}^{n}(C_RB_{max} - C_{RB_i})}{n-1}$	$C_e = \dfrac{\sum_{i=1}^{n}(C'_{RC_{max}} - C'_{RC_i})}{(n-2)(n-1) \times (2n-3)}$

资料来源：刘军，2004年，第131页。

三、分析结果

（一）企业网络整体特征

表4－13列出了企业网络的一组描述统计值，矩阵"总体联系"的

密度表示企业网络成员所有可能发生的关系中，有 62.5% 发生了。如果联系的数量（直接关系）很大，则表示存在着非常强的关系活动。如果某类联系的点度中心势（弗里曼，1979）外向度指标很高，中心度指标的方差很大，表明在这个方面存在着"中心"企业和"次要"企业。表中还显示了基于邻接和中间中心势的测度方法，前者越高，表明网络成员越容易从企业网络中获取资源、信息；后者越高，表明网络成员越容易在企业网络取得支配地位。方差越大，网络中个体间的差别越大。

表 4 – 13　　　　　　　　　　　网络的基本参数

	总体联系 （n = 8）	最终产品联系 （n = 8）	副产品或废弃物 联系（n = 8）
密度	0.6250	0.5469	0.1875
标准差	0.4841	0.4978	0.3903
联系的数量			
外向度（%）	40	35	12
内向度（%）	40	35	12
网络的中心势			
点度中心势（弗里曼指标）			
外向度	48.980	59.184	24.490
内向度	48.980	59.184	40.816
方差			
标准外向度	1015.625	1364.746	78.125
标准内向度	351.563	427.246	195.313
中间中心势（%）	41.04	43.42	0.00
方差	202.310	224.307	0.000
接近中心势（Sabidussi 指标）			
（引自弗里曼，1979 年）			
外向度（%）	64.48	65.87	— *
内向度（%）	71.35	73.75	— *
方差			
标准外向度	419.922	439.652	5.913
标准内向度	204.394	198.195	5.913

　　注：*因为副产品或废弃物网络图中有孤立点存在，程序将某些企业之间的距离处理为无穷，所以导致网络的接近中心势无法计算。

　　由总体联系的密度（0.6250）可知，白银市重点资源型企业间的联系比较密切，而且以最终产品的联系为主（密度＝54.69%），副产品或废弃物之间的联系很少，仅有18.75%的关系发生了。在企业网络中，最终产品联系的点度中心势较高（59.184%），标准外向度的方差很大（1364.746），说明在产品输出方面，"中心"企业和"次要"企业区别明显。在副产品或废弃物联系中，外向点度中心度势（24.490%）明显小于内向点度中心势（40.816%），而且与最终产品联系相比，二者数值和方差（78.125，195.313）都明显偏小，说明白银市企业之间在副产品或废弃物方面的联系较少，各个企业之间的区别不大，并且向外输出副产品或废弃物的企业比起利用别的企业的副产品或废弃物的企业明显较少。

　　中间中心势表征某类联系中个体在控制信息方面的能力。白银市企业网络中具有在控制最终产品联系方面能力较强的成员企业（43.42%），但却不具有在副产品或废弃物联系方面具有控制能力的企业（0.00%）。

　　接近中心势表征各类联系中个体在分享来自其他成员的信息方面的能力。在企业网络的最终产品的联系中，具备分享信息能力的较强的企业（65.87%，73.75%），并且在向外输出产品的企业中，"中心"企业和"次要"企业区别明显；但是，在输入其他企业产品的企业中，这种区别明显较少。究其原因，与白银市工业企业以资源型工业为主有关，很多企业从自然界或区外获取资源，生产出来的产品销售给其他企业或区外企业。

　　（二）企业网络中的个体特征

　　从白银企业网络的图形（见图4-2至图4-4）可以直观地看出，企业间最终产品的联系较为密切，副产品或废弃物方面的联系很少。表4-14至图4-16分别列出了每一个关系子集中个体的标准化点度中心度、中间中心度和接近中心度度量，表中企业按总体联系的度量值大小排序，以下分别对其说明。

　　1. 点度中心度

　　在总体联系中，白银有色和靖远发电的外向点度中心度最高（100%），银光化工和银光聚银的外向度最低（25%）。白银有色外向点度中心度很高，说明白银市企业中，白银有色金属公司的产品的对外销售度最高，企业在区域经济联系中占据重要地位；靖远发电的外向点度中心

银光聚银

清远煤业

靖远发电

区外企业

长通电缆

甘肃稀土

白银有色

银光化工

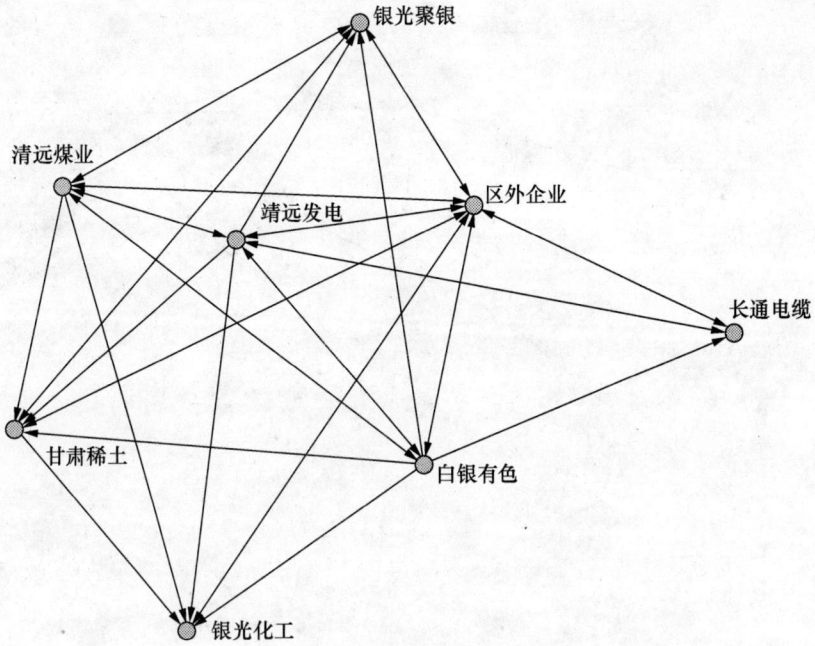

图 4 - 2 白银市资源型企业：总体联系（n = 8）

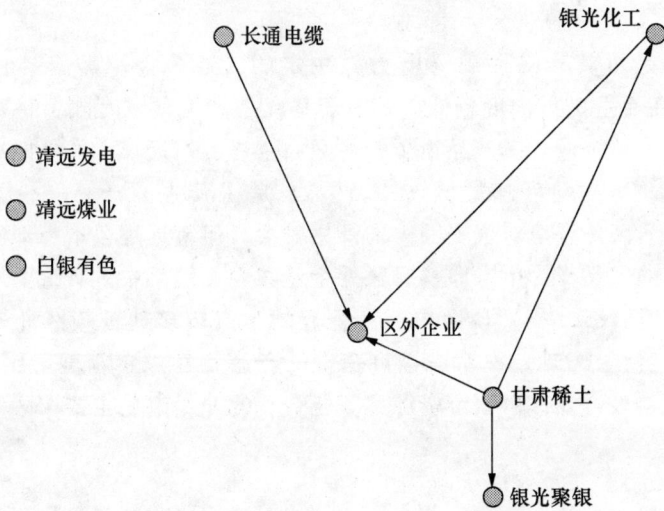

长通电缆

银光化工

靖远发电

靖远煤业

白银有色

区外企业

甘肃稀土

银光聚银

图 4 - 3 白银市资源型企业：最终产品交易（n = 8）

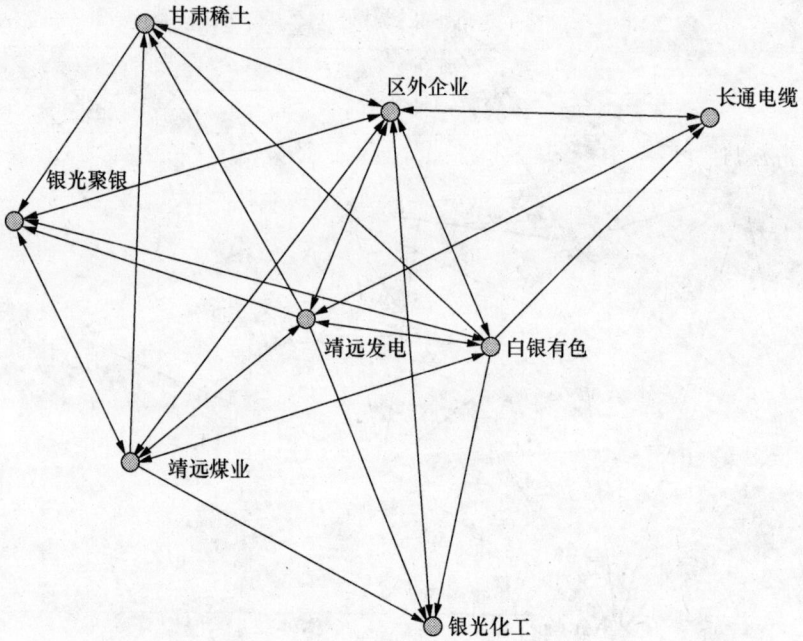

图 4 - 4　白银市资源型企业：副产品与废弃物联系（n = 8）

度很高，是由其产品性质（电力）决定的，各个企业都需要利用其产品①；化工企业的外向度较低，是由于其产品销售领域有限，特别是银光化工作为军工企业，其产品很少销往区内企业。靖远煤业的外向度也较高（87.5%），但内向度却最低（37.5%），是由其主要产品——煤炭决定的，区内、区外企业对煤炭的需求都比较大，但靖远煤业本身却不太需要别的公司的产品作为生产原料。区外企业在企业网络中占有重要地位：较高的外向度（87.5%）说明白银市企业的生产较多地依赖区外资源；很高的内向度（100%）说明白银市企业的产品都在一定程度上销往区外，而从调查结果可知，白银市资源型工业企业的产品市场主要在区外。

---

　　① 虽然发电量上网后由电力公司统一销售，但是，笔者在处理邻接矩阵的时候做了这样的假设，即其他企业都认为靖远发电公司与其有联系。

表4-14   每一个关系子集中个体的标准化点度中心度度量   单位:%

企业	总体联系		最终产品联系		副产品或废弃物联系	
	外向度	内向度	外向度	内向度	外向度	内向度
白银有色	100.000	50.000	100.000	50.000	12.500	12.500
靖远发电	100.000	62.500	100.000	62.500	12.500	12.500
靖远煤业	87.500	37.500	75.000	25.000	12.500	12.500
区外企业	87.500	100.000	87.500	100.000	12.500	50.000
长通电缆	37.500	50.000	25.000	37.500	25.000	12.500
甘肃稀土	37.500	50.000	25.000	50.000	37.500	0.000
银光化工	25.000	75.000	12.500	50.000	25.000	25.000
银光聚银	25.000	75.000	12.500	62.500	12.500	25.000
平均值（n=8）	62.500	62.500	54.688	54.688	18.750	18.750
标准差（n=8）	31.869	18.750	36.942	20.670	8.839	13.975

由表4-14可知，白银市企业网络的总体联系特征基本上是由最终产品联系的特征决定的，最终产品联系的特征基本与总体联系的特征类似（见图4-5），但是，副产品或废弃物联系的中心度却很低。实际上，企业调查的结果显示，各个企业生产过程中产生的副产品或废弃物，如果被循环利用，则基本发生在企业内部（见表4-11），因而企业间的联系很少。甘肃稀土在副产品或废弃物联系中的外向度最高（37.5%），是由于其副产品（液氯和烧碱）被销往其他企业和区外企业（见图4-6）。区外企业较高的内向度（50%）说明，白银市企业的副产品除大部分在本企业实现循环外，还部分地指向区外企业。

2. 中间中心度

白银市企业网络中间中心度的度量显示，总体联系的特征全部由最终产品联系的特征决定，在副产品或废弃物联系方面，白银市还没有形成具有"控制"能力的企业（见表4-15）。区外企业最具"控制"能力（43.651%），其次是靖远发电（12.698%），再次是白银有色（5.556%）。从白银市的区域经济实际来看,靖远发电的中间中心度较高,

百分比(%)

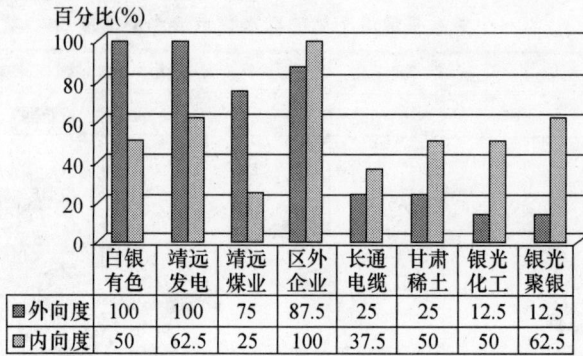

	白银有色	靖远发电	靖远煤业	区外企业	长通电缆	甘肃稀土	银光化工	银光聚银
外向度	100	100	75	87.5	25	25	12.5	12.5
内向度	50	62.5	25	100	37.5	50	50	62.5

图4-5 最终产品联系中分企业的标准化点度中心度

百分比(%)

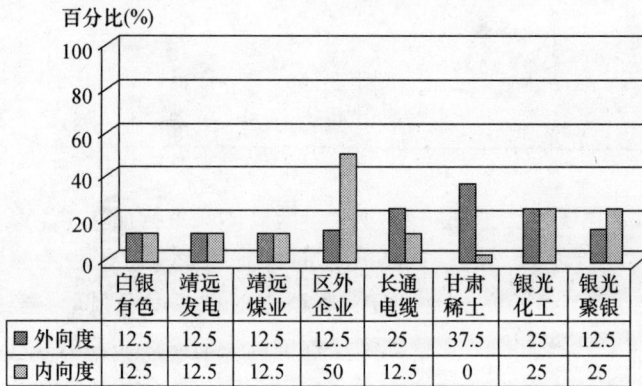

	白银有色	靖远发电	靖远煤业	区外企业	长通电缆	甘肃稀土	银光化工	银光聚银
外向度	12.5	12.5	12.5	12.5	25	37.5	25	12.5
内向度	12.5	12.5	12.5	50	12.5	0	25	25

图4-6 副产品或废弃物联系中分企业的标准化点度中心度

是由其作为能源提供者的角色决定的，本身不具备太多的政策意义，但却说明了，白银市资源型企业网络的发展首先要有稳定、可靠的能源供给。区外企业的中间度较高，说明其在白银企业网络中的控制能力较强，这说明在白银区域经济发展中，要有效地发挥区外企业的协调作用。白银有色的中间中心度虽然较低，但其在白银企业网络中的控制作用却不容忽视。由于在调查过程中，白银有色集团公司名下的各个企业并没有具体涉及，而是作为一个整体来处理的，所以，导致白银有色的中间中心度较低，实际上，白银有色依然是企业网络中区内企业的核心。

表 4 – 15　　　　　每一个关系子集中个体的标准化中间中心度度量　　　单位:%

副产品或废弃物联系	企业	总体联系	最终产品联系
区外企业	43.651	46.032	0.000
靖远发电	12.698	12.698	0.000
白银有色	5.556	5.556	0.000
靖远煤业	0.000	0.000	0.000
银光化工	0.000	0.000	0.000
甘肃稀土	0.000	0.000	0.000
长通电缆	0.000	0.000	0.000
银光聚银	0.000	0.000	0.000
平均值（n = 8）	7.738	8.036	0.000
标准差（n = 8）	14.224	14.977	0.000

3. 接近中心度

从总体联系来看，区外企业的内向度最高（100%），说明其在企业网络中分享信息的能力最强；靖远发电和白银有色外向度最高（100%），说明靖远发电和白银有色在网络中提供信息的能力最强。这说明，白银市的企业对区域范围外的服务能力很强，而这当中，白银有色和靖远发电提供了最多的服务（见表 4 – 16）。

表 4 – 16　　　　　每一个关系子集中个体的标准化接近中心度度量

企业	总体联系		最终产品联系		副产品或废弃物联系	
	内向度	外向度	内向度	外向度	内向度	外向度
区外企业	100.000	87.500	100.000	87.500	20.000	12.500
银光化工	77.778	50.000	70.000	50.000	14.286	14.286
银光聚银	77.778	50.000	77.778	50.000	14.286	12.500
靖远发电	70.000	100.000	70.000	100.000	12.500	12.500
甘肃稀土	70.000	58.333	70.000	53.846	12.500	20.000
白银有色	63.636	100.000	63.636	100.000	12.500	12.500
长通电缆	63.636	58.333	63.636	58.333	12.500	14.286
靖远煤业	46.667	87.500	46.667	87.500	12.500	12.500
平均值（n = 8）	71.187	73.958	70.215	73.397	13.884	13.884
标准差（n = 8）	14.297	20.492	14.078	20.968	2.432	2.432

与前述两类中心度度量一样，总体联系的特征也基本上是由最终产品联系的特征决定的（见表 4－16）。在最终产品联系中，个体分享企业网络信息的能力都较强，最低的是靖远煤业（46.66%），较高的是区外企业（100%）和银光聚银（77.77%）；个体在企业网络中提供信息的能力也都较强，位居前三位的是靖远发电（100%）、白银有色（100%）和区外企业（87.5%）（见图 4－7）。

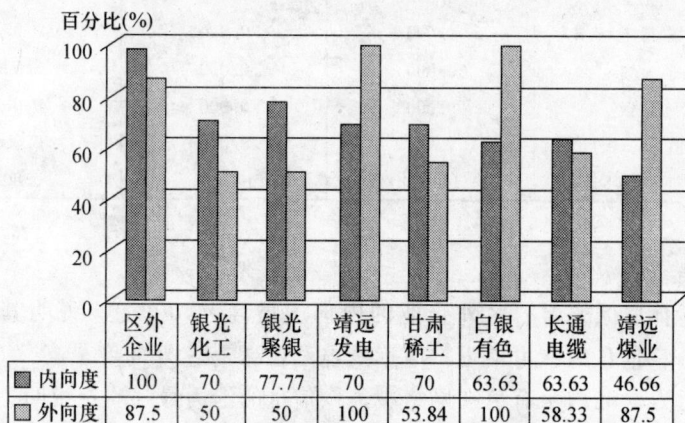

图 4－7　最终产品联系中分企业的标准化接近中心度

	区外企业	银光化工	银光聚银	靖远发电	甘肃稀土	白银有色	长通电缆	靖远煤业
内向度	100	70	77.77	70	70	63.63	63.63	46.66
外向度	87.5	50	50	100	53.84	100	58.33	87.5

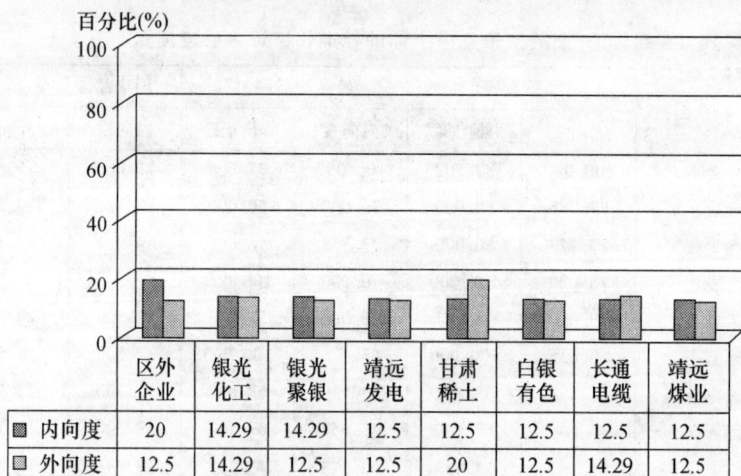

图 4－8　副产品或废弃物联系中分企业的标准化接近中心度

	区外企业	银光化工	银光聚银	靖远发电	甘肃稀土	白银有色	长通电缆	靖远煤业
内向度	20	14.29	14.29	12.5	12.5	12.5	12.5	12.5
外向度	12.5	14.29	12.5	12.5	20	12.5	14.29	12.5

在企业网络中的个体在副产品或废弃物联系方面的接近中心度也都很低（见图4-8），分享企业网络信息能力较强的是区外企业（20%），在企业网络中提供信息能力较强的企业是甘肃稀土（20%）。由企业调查的结果可知，这主要是由甘肃稀土向银光聚银、银光化工和区外企业大量输出其副产品——氯碱所致。

四、结论与讨论

在白银市企业网络中的个体以资源型企业为主，虽然其相对数目较少，但是，企业之间联系较为密切。在企业网络中，个体间的联系以最终产品联系为主。白银市企业在生产过程中产生的副产品或废弃物只有部分在企业内部循环利用，企业之间的联系很薄弱。

白银市企业依存度高，区外企业在白银企业网络中占有重要地位，它除了吸收大量白银市区内企业的产品外，还为区内企业提供了大量生产所需的信息。虽然企业网络中副产品或废弃物的联系很薄弱，但是，区外企业已表现出了其在分享信息方面的潜力，而这也许就是吸纳和循环利用企业网络内其他企业产生的副产品或废弃物的能力。

循环经济的发展有赖于副产品或废弃物的循环利用，但是，大部分的副产品或废弃物不能在本企业内部实现循环，因此，从理论上看，需要在不同的企业之间建立起废弃物的循环网络（施瓦茨，1997）。但是，从白银市企业网络的实际来看，企业之间还几乎没有形成废弃物的循环网络，而企业之间最终产品的联系又较为密切，所以，我们要问，是否可以在产品联系网络的基础上构建企业间的废弃物循环网络，乃至区域可持续性网络（斯特雷贝尔和波斯奇，2004），以促进白银市的区域可持续发展？这正是本书的重点之一，本章的研究内容为回答该问题提供了铺垫。

本章小结

　　白银市域富含有色金属、煤炭等矿产资源，此类禀赋历史地决定了白银市工业和城市的发展进程及特点。白银先有厂，再有市，虽然全市有超过100家的国有及规模（年销售收入500万元）以上非国有企业，但只有少数几家大型资源型企业关乎全区经济命脉。这些企业之间的关系以最终产品联系为主，而几乎不包括废弃物或副产品方面的联系。

第五章 白银市企业环境管理

由第四章的分析可知，白银市企业网络中的个体在副产品或废弃物方面的联系还很薄弱。若要回答能否构建或试图构建企业间的废弃物循环网络或环境管理网络，首先必须搞清楚各个企业内部的环境管理措施以及产生的废弃物状况，在这个基础上，才可以有针对性地提出在资源型工业区域实践产业生态学原理的基本措施，而不至于使研究结果流于形式和空洞化。研究所用数据及资料基本来源于企业访谈和从各重点企业返回的第一次企业调查问卷（见附录1）。

第一节 企业环境管理的概念

一、什么是环境管理

环境管理是通过对人自身思想观念和行为进行调整，以求达到人类社会发展和自然环境承载能力相协调。也就是说，环境管理是人类有意识的自我约束，这种约束通过行政手段、经济手段、法律手段、教育手段、科技手段等来进行，它是人类社会发展的根本保障和基本内容（叶文虎，2000）。

环境管理的思想与方法大致经历了以下三个阶段（见表5-1）（叶文虎，2000）：

第一个阶段：把环境问题作为一个技术问题，以治理污染为主要管理手段的阶段。

第二个阶段：把环境问题作为经济问题，以经济刺激为主要管理手段的阶段。

表 5 – 1   环境管理的思想与方法的演变阶段

阶段	时间跨度	主要特征	环境学科	主要缺陷或意义
1. 把环境问题作为一个技术问题，以治理污染为主要手段的阶段	大致从 20 世纪 50 年代末，到 70 年代末左右	人们直接感受到环境问题主要是"公害"问题，即局部的污染问题。这时，人们认为这是一个可以通过发展技术得到解决的单纯的技术问题。因此，这一时期的环境管理原则是"谁污染，谁治理"，实质上只是环境治理	环境化学、环境生物学、环境物理学、环境医学、环境工程学等	总体来说，这一时期的工作因为没有从杜绝产生环境问题的根源入手，因而未能从根本上解决环境问题
2. 把环境问题作为经济问题，以经济刺激为主要管理手段的阶段	大致从 20 世纪 70 年代末到 90 年代初	随着其他环境问题诸如生态破坏、资源枯竭等问题继续凸显，加之使用尾部污染治理的技术手段没有取得预期的效果，于是人们进一步认识到酿成各种环境问题的原因在于经济发展中环境成本外部性问题。于是这一时期环境管理思想和原则就变为"外部成本内在化"。这一时期最重要的进步就是认识到自然资源和自然资源的价值性。所以，对自然资源进行价值核算，运用收费、税收、补贴等经济手段以及法律手段、行政手段成为这一阶段的主要研究内容和管理方法，并被认为是最有希望解决环境问题的途径	环境规划、环境经济学、环境法学等	大量研究表明，经济活动为其固有的运行准则所制约，因而在其原有的运行机制中很难或不可能给环境保护提供应有的空间和地位。对目前的经济运行机制进行小修小补还是不可能从根本上解决环境问题的
3. 把环境问题作为一个发展问题，以协调经济发展与环境保护为主要管理手段的阶段	从《我们共同的未来》的出版以及 1992 年在巴西里约热内卢召开的联合国环境与发展大会上《里约宣言》的公布开始	人们终于认识到环境问题是人类社会在传统自然观和发展观等人类基本观念支配下的发展行为造成的必然结果。在这种根本发展观念和发展模式发生偏差的情况下，一切管理手段都是苍白的、无济于事的。要真正解决环境问题，首先必须改变人类的发展观。"发展不能仅局限于经济发展，不能把社会经济发展与环境保护割裂开来，更不应对立起来，发展应是社会、经济、人口、资源和环境的协调发展和人的全面发展"。这就是"可持续发展"的发展观，也就是说，只有改变目前的发展观及由之所产生的科技观、伦理道德观和价值观、消费观等，才能找到从根本上解决环境问题的途径与方法	生命周期评价（LCA）、单位服务量物质强度（MIP）（德国伍珀塔尔研究所史密特教授）	意义：在新文明、新发展观、新发展模式、新的思想理论观念的形成过程中，环境管理作为人类对自身与自然相沟通的管理手段，必将发挥更大的作用

资料来源：叶文虎，2000 年，第 12～15 页。

第三个阶段：把环境问题作为一个发展问题，以协调经济发展与环境保护关系为主要管理手段的阶段。

在上述前两个阶段，政府被认为是环境管理的主体，在环境管理学界盛行"政府中心主义"（State – centrism）［巴克利（Buckley），1991］。在我国，直到20世纪90年代中后期，还盛行"经济发展靠市场，环境管理靠政府"的思想（陈焕章，1997）。但到了上述环境管理思想与方法发展的第三个阶段，"政府中心主义"受到越来越多的批判：一方面，批判自上而下政府管理不符合不同类别的底层实体的需要和利益，甚至政府的利益与底层实体的利益相互对立；另一方面，很多的政府并不具有在名义上属于它们控制的地方实施其环境政策的能力，甚至这些政府必须默许诸如跨国公司、地方"老板"等糟蹋法律［布赖恩特和威尔逊（Bryant and Wilson），1998］。

环境管理的概念中概括了环境管理的基本任务，即转变人类社会的一系列基本观念和调整人类社会的行为。观念的转变是根本，要从根本上扭转人类既成的基本思想观念，虽然不能单纯地通过环境管理就能达到，但是，环境管理却可以通过建设一种环境文化来为整个人类文明的转变服务。相对于思想观念的调整而言，行为的调整是较低层次上的调整，然而却是更具体、更直接的调整。人类的社会行为可以分为行为主体、行为对象和行为本身三大组成部分。从行为的主体来说，还可以分为政府行为、市场行为和公众行为。政府行为是总的国家的管理行为，诸如制定政策、法律、法令、发展计划并组织实施等。市场行为是指各种市场主体包括企业和生产者个人在市场规律的支配下，进行商品生产和交换的行为。公众行为则是指公众在日常生活中诸如消费、居家休闲、旅游等方面的行为。这三种行为都可能会对环境产生不同程度的影响（叶文虎，2000）。

在上述三种行为中，市场行为的主体一般是企业，而企业的生产活动一直是环境污染和生态破坏的直接制造者。不仅在过去，而且在将来很长的一段时期内，它们都将是环境问题中的重点内容。到了环境管理理论与方法发展的第三个阶段，非政府力量在环境管理中的作用受到更多的重视，例如，许多跨国公司（Transnational Corporations，TNCs）被认为是在全球影响生活方式和环境状况的主要力量（布赖恩特和威尔逊，1998）。其实，不仅是跨国公司，很多的区域性大公司也成为影响环境状况和环境管理方式的主导力量，例如，白银市白银有色金属公司 2004 年产生工业固体废弃物 141.2 万吨，占全市境内 76 家企业产生的固体废弃物总量 362.31 万吨的 39%[①]。总之，企业已成为环境管理的重要主体。

我国是发展中国家，正处于工业化的关键时期。我国要到 2020 年实现全面建设小康社会的奋斗目标，并同时降低环境影响（江泽民，2002），就需要在全社会尤其在工业部门实施循环经济发展战略。在这样的时代背景下，也给企业的环境管理提出了新的挑战。下面将讨论企业环境管理的概念及其进一步发展的趋势。

二、什么是企业环境管理

传统上认为，企业环境管理乃是对企业环境的一种专业管理，这种管理是建立在生态规律、（社会主义）经济规律和其他规律基础上的，并且认为，环境管理的基本任务包括以下几个方面（陈四平，1986）：

（1）使环境与生产相协调，达到一定的环境目标。

（2）贯彻国家和地方的环境保护方针、政策、条款、规划和计划。

（3）调查和掌握企业污染状况与生产过程的内在联系和相互关系，并监督企业环境质量的变化。

（4）合理利用资源和能源，减少与防止环境污染和破坏，维持企业再生产的良性循环，促进生产持续地、健康地发展。

（5）搞好防治工业污染的管理工作。

（6）结合企业的实际环境问题，开展环境科学研究。

根据以上的定义和任务，可以将传统的企业环境管理的核心总结成八个字："遵守法律，防治污染。"

随着可持续发展理念的深入人心，企业环境管理的内容和含义也发生了相应的变化。这主要表现在工业企业环境管理方法在关注的组织结构和关注的时间跨度上的扩展（见图 5-1）。当然，这并不等于说，传统的企业环境管理诸如防治污染等措施失去了它的作用，而是说，企业环境管理的范围和动机均发生了变化。

----

① 白银市环境保护局提供数据。

首先来看企业环境管理范围的变化。由图5－1可知，在最小的时空尺度上，污染预防适用于生产活动。环境工程可以用来解决污染预防无法完全避免的环境问题。对整个项目的生命周期考虑，则将环境管理拓展到环境的设计和面向环境的制造。当考虑整个技术系统时，就需要全面应用产业生态学。而在最大的时空尺度上，则是在全社会和整个文明进程中实现可持续发展（格雷德尔和艾伦比，2003）。

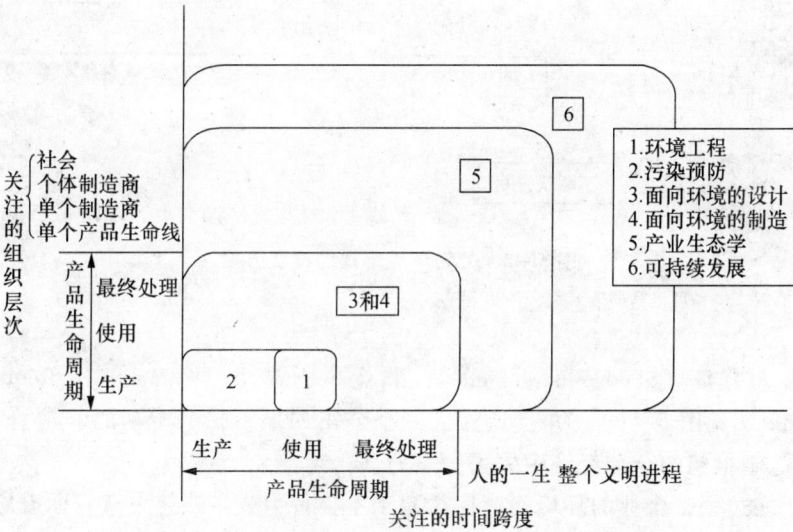

图5－1　工业环境管理方法在组织结构和时间上的影响范围

资料来源：格雷德尔和艾伦比，2003年，第219页。

再来看企业环境管理动机的变化。侧重于"遵守法律，防治污染"的传统企业环境管理的动机是降低由于超标排放、违反法律（规）而引起的处罚和诉讼费用，是一种被动式的环境管理［卡纳和安东（Khanna and Anton），2002］。但是，自20世纪90年代起，在美国和大多数工业化国家，企业环境管理的动机逐渐转变成将环境因素作为企业发展战略的一部分，采取主动的环境管理战略（Proactive Environmental Management Strategy）［贝里和朗迪尼利（Berry and Rondinelli），1998］。有关企业（公司）环境管理的发展历程如图5－2所示。

贝里和朗迪尼利（1998）认为，促使企业采取主动的环境管理战略的力量包括：管制需要（Regulatory Demands）、成本因素（Cost Factors）、

公司环境管理的发展历程

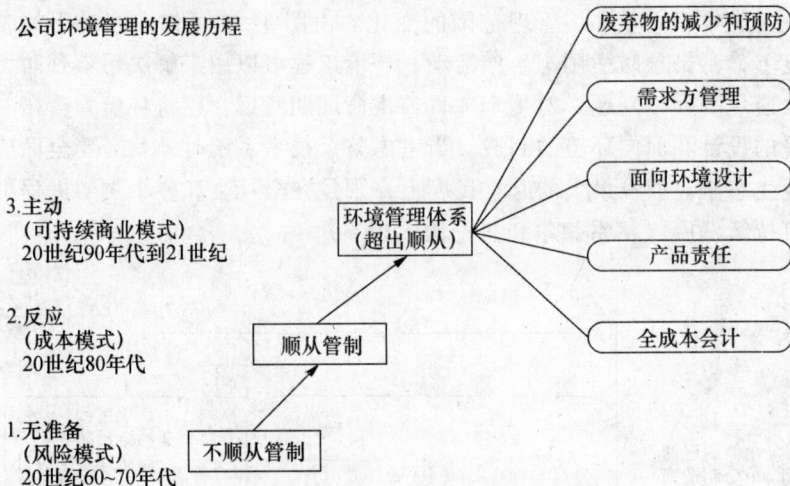

图 5－2 公司环境管理的发展历程

资料来源：贝里和朗迪尼利，1998 年。

当事人力量（Stakeholders Forces）和竞争力需求（Competitive Requirement）（见图 5－3）；并且认为，一个公司如果不采取主动的环境管理，将在 21 世纪的全球经济中失去竞争力。

在过去，企业的环境问题往往源于不良行为或是疏忽大意，而政府的政策则是利用环境法规来促使企业消除问题和遵守法规。此外，企业内外对环境问题的关注均集中在生产过程，一般采用末端技术手段来治理污染。环境法规通常只针对单一媒介、特定物质、某些具体的场所或者特定的工艺排放。人们很少认识到（或者没有激励促进他们去认识）企业活动的环境影响与地方和全球自然、技术和经济系统之间存在着根本联系。但是，产业生态学必须认识到这种联系，并且鼓励在企业的层面上将这些因素综合起来（格雷德尔和艾伦比，2003）。

因此，我们认为，在新的历史时期，企业环境管理的概念可以更正如下：

企业环境管理是指企业从企业战略决策的角度出发，旨在提高企业的可持续竞争优势而采取的各种有利于提高地方和全球的环境质量的措施。

这个企业环境管理的定义包含 3 个方面的主要内容：

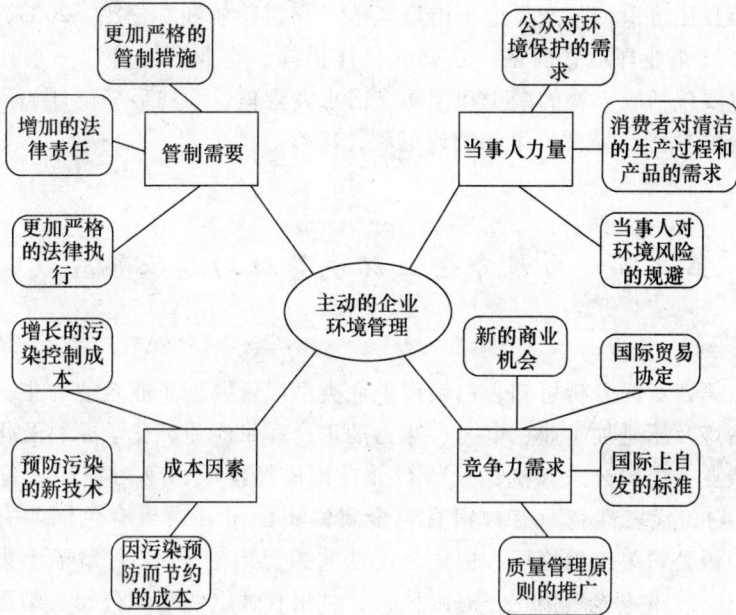

图 5-3　主动环境管理的驱动力量

资料来源：贝里和朗迪尼利，1998年。

（1）环境因素从一般管理成本的范畴向企业的战略决策转变。当环境问题在企业中从一般管理成本的范畴转变为企业战略考虑时，由于环境因素变得不再完全独立，在短期内环境的重要性似乎有所削弱。但是，实际上，将环境问题纳入企业战略决策为从长远角度取得更高的环境效率提供了可能（格雷德尔和艾伦比，2003）。

（2）企业环境管理能力已经从一种控制法律风险的手段，变成可持续竞争优势的潜在来源。在商业文化模式下，市场需求对环保行为的激励作用变得越来越大。各类消费者对环境友好产品和服务的需求越来越大，各国的环境标志计划（如美国的"能源之星"标志、德国的"蓝天使"标志、中国的"绿色食品"标志等），对产品设计和使用都提出了一些与生产设施的末端治理措施大不相同的要求。无论一家企业的生产效率有多高，如果它不能通过重新设计产品、物流系统和商业营销计划来高效地开展消费后产品的回收、拆卸和再循环，那么后果不仅是企业经营成本上升，而且还将迫使其产品退出市场竞争（格雷德尔和艾伦比，2003）。

（3）企业环境管理是一系列的具体措施。企业环境管理一系列具体措施主要包括废弃物的减少和预防、需求方管理、面向环境设计、产品责任和全成本会计等（贝里和朗迪尼利，1998）。

第二节　白银市企业环境管理的途径和成效

由第四章的分析可知，白银市企业类型以资源型工业企业为主。有色金属冶炼及压延加工业、电力、热力的生产和供应业、化学原料及化学制品制造业、煤炭开采和洗选业等行业在国民经济中占绝对主导地位（见表4-4），代表性企业有白银有色金属集团公司（白银有色铜业有限公司、白银公司第三冶炼厂、白银公司西北铅锌冶炼厂）、甘肃稀土集团有限公司、甘肃银光聚银化工有限公司、甘肃长通电缆集团公司、靖远煤业有限公司和国电靖远发电有限公司。

各个企业在生产发展的过程中，积极实施了多种有效的环境管理措施，有效地提升了企业的环境表现。下面笔者首先根据第一次企业调查的资料（见附录1）分企业论述其环境管理的措施和成效，然后在本章第三节中对照国际企业环境管理的趋势和产业生态学的要求论述白银市企业环境管理存在的不足。

一、白银有色金属集团公司

（一）白银有色铜业有限公司

1. 企业概况

白银有色铜业有限公司成立于1954年，1960年6月正式投产，主要生产工艺为铜精矿沸腾焙烧、反射炉熔炼、转炉吹炼、阳极板精炼、冶炼烟气制酸。1980年6月，企业开始对生产进行改造，用100立方米白银炼铜炉取代反射熔炼工艺。企业采用的生产路线是：火法炼铜—冶炼烟气制酸—副产品综合利用。2002年，通过ISO9001质量管理体系认证。

2. 企业已采用工艺改造措施及取得的成效

企业自 1979 年至 2005 年 8 月，先后对生产工艺进行 8 次技术改造，取得良好的经济效益和环境效益（见表 5 - 2）。

表 5 - 2　　　　白银有色铜业有限公司已采用的工艺改造方案

序号	改造方案名称	实施时间	改造内容简介
1	电解车间外排酸性水处理项目	1979 年	对电解车间向外排出的未经处理的含酸性水进行综合治理
2	粗硒吸收塔铜置换法处理项目	1980 年	综合回收粗硒
3	硫酸老系统制酸尾气高空排放烟囱工程	1985 年	将吸收处理后的二氧化硫尾气经 50 米高的烟囱排往环境中，气体排放的浓度及排放量均低于最高允许排放浓度和排放量。
4	熔剂吸尘水回收利用项目	1986 年	回收利用废水
5	硫酸洗涤污水硫化法治理工程	1987 年	用硫化法治理硫酸洗涤污水
6	贵铝小转炉烟气治理工程	1988 年	治理贵铝小转炉中排放的烟气
7	电解节能环保改造工程	2004 年	对电解工艺进行节能改造。
8	铜冶炼硫酸系统污染治理工程	2005 年	治理铜冶炼中硫酸对环境的污染

资料来源：企业调查（Ⅰ），2005 年。

此外，企业近几年采取的各项节能项目达 100 项，主要有：需氧自热熔炼工艺开发与应用；白银炉膜式壁汽化烟道——余热锅炉工程；重油渗水节能素；以煤代油项目的科研开发等。

通过节能改造，取得了较好的经济、社会、环境效益。一是粗铜工艺每吨综合能耗由原工艺的 1.8 吨标准煤下降到 1.4 吨标准煤；二是回收余热蒸汽 5 吨/小时，余热年折合标准煤约 4000 吨；三是年节约重油 1000 吨；四是年创造经济效益 25 万元；五是年节约经济效益 800 万元。

（二）白银公司第三冶炼厂

1. 企业概况

白银公司第三冶炼厂成立于 1966 年，采用鼓风返烟烧结、密闭鼓风炉熔炼的 ISP 工艺，主要产品为电铅、精锌和硫酸。原设计生产能力为年产主导产品铅锌 3 万吨。1987 年进行以扩大 ISP 炉为主的技术改造，改造后生产能力提高到现在的 6.2 万吨。

2. 企业已采用工艺改造措施及取得的成效

ISP 工艺具有原料适应性强，可以处理铅锌混合物料和杂料及较高的资源利用率等显著优点，因此，自 20 世纪 50 年代研制成功后，该技术在世界上迅速推广和发展。60 年代中期，为振兴我国有色工业，经冶金部研究同意，在韶关冶炼厂引进源自英国阿旺茅斯的 ISP 技术，同时在甘肃白银建设一个 ISP 工厂，建成时未设计环保设施。投产后，针对工厂的先天不足所造成的污染问题，工厂制定了切实可行的环保工作规划，投资近 3000 多万元进行了"三废"治理设备，取得了一定效果。

在废水处理方面，1983 年修建了 10 万立方米的水库，对来自第三冶炼厂及其上游的废水进行集中回收利用。为进一步改善水质，提高废水利用率，1990 年投资 100 多万元修建了污水综合处理工程，调整水的酸碱度，经过一、二级沉淀后进入水库，进行循环利用，每天回收利用 5000 多吨废水，回用率达到 92%。而第三冶炼厂上游的深部铜矿、小铁山矿、选矿厂等单位仍有大量废水自第三冶炼厂 6 公里拦水坝处外排，年排水量达 200 万吨。为保护环境，减少对黄河水体的污染，降低新水使用量，第三冶炼厂拟对所有外排水包括第三冶炼厂区上游的外排水进行深度处理以全部回收利用。

在废气处理方面，1986 年投资 1000 多万元，采用 8000 平方米和 6000 平方米大型反吹风布袋收尘器，先后治理烧结车间和熔炼车间的烟尘污染。1992 年投资 160 万元，自行研究、设计、新建了 3 台 1000 平方米的负压反吹风布袋收尘器，治理烧结机头和中碎的铅锌粉尘污染。硫酸车间作为处理低浓度二氧化硫冶炼烟气的重要环保设施，对外排二氧化硫总量的削减起到了举足轻重的作用。针对硫酸系统硫利用率低（仅为 40%）、冷却水排放损失量大、设备设施漏风严重的现状，1991 年 5 月开始，先后投资 1600 万元，用不锈钢管壳式阳极保护器和铅间接冷却器等高效节水设备替代干吸系统铸铁冷却排管及净化系统铅冷却排管，每月节约新水 5 万多吨。选用目前处于国内先进水平的江苏宜兴收尘设备厂生产的 2 台 SDD-26 型的导电玻璃钢电雾取代原一段的 4 台 PVC 电除雾器，并对运行了 21 年的硫酸 100 米尾气烟囱进行了改造重建，发挥了尾气烟囱高空稀释排放的作用。2002 年，新建了一台新型转化器替代原两台小型转化器。

通过采用上述治理措施后，第三冶炼厂硫利用率从 40% 提高到现在的 65%。

（三）白银公司西北铅锌冶炼厂

1. 企业概况

西北铅锌冶炼厂成立于 1986 年 9 月，企业生产由 10 万吨锌冶炼系统、5 万吨铅冶炼系统、18 万吨硫酸生产配套系统、150 万吨废水处理系统组成。主要产品为锌锭、合金锌、硫酸。

2. 企业已采用工艺改造措施及取得的成效

企业已在全厂内实行节水日报制度，在生产中合理确定水的使用方式；在硫酸车间去年实施的由稀酸板式换热器代替石墨间冷器；湿法三大车间的酸性下水口全部封闭，杜绝外排；水处理车间利用处理后的污水进行石灰浆化。采取以上措施后，每年可节水 7.2 万吨。

二、甘肃稀土集团有限公司

（一）公司概况

甘肃稀土集团有限公司始建于 1969 年 1 月，是集稀土冶炼、稀土产品深加工、稀土应用产品和功能应用材料为主体，兼营盐酸、烧碱、液氯等化工产品为辅的国有大型骨干企业，是中国稀土行业唯一的国家一级企业。公司拥有中国及亚洲最大的稀土冶炼、加工、分离和应用材料生产线，并拥有国际一流的分析检测手段和仪器。年处理稀土精矿能力 3 万吨，主要产品生产能力占全国稀土生产总量的 20%。公司享有独立的自营进出口经营权，60% 以上的产品出口，产品销售网络遍及国内 30 多个省、自治区、直辖市的 600 多家用户和日本、美国、法国、澳大利亚、韩国等 20 多个国家和地区。

甘肃稀土集团有限公司采用的生产方法为湿法和火法冶金，其工艺技术来源主要是引进技术和自主研发相结合，企业的主要生产设备有回转窑、压滤机、贮槽、萃取箱、沉淀槽、离心机、煅烧炉、电解炉、熔炼炉。

该公司目前拥有的 9 条主要生产线，基本包含了稀土生产的所有工艺及主要化工工艺。

（1）稀土火法生产线：采用"回转窑焙烧—萃取法"，年处理稀土精矿 3 万吨。

（2）混合碳酸稀土和氯化稀土生产线：从水浸液生产混合碳酸稀土是该公司依靠自己的科研能力开发的新技术之一，目前在国内外处于领先地位，生产规模达 1 万吨。

（3）萃取分离单一稀土生产线：年生产各类单一稀土产品折合氧化物 8000 余吨，是目前国内最大的一条分离生产线。

（4）稀土金属生产线：年生产各类稀土金属 1500 吨。

（5）稀土抛光粉生产线：年产各类型号抛光粉 1200 吨，是该公司主要应用产品之一。

（6）储氢材料生产线：生产高性能镍氢电池负极用稀土储氢合金粉 1000 吨。

（7）钕铁硼磁性材料生产线：生产高性能钕铁硼磁性材料 500 吨。

（8）稀星牌移动电话电池生产线：以稀土储氢材料主导，年生产 30 万块以各种高性能镍氢、锂离子手机电池，该电池在容量、使用寿命、待机时间、循环使用次数等方面均优于国内同类产品。

（9）氯碱生产线：年产盐酸 3.5 万吨，烧碱 1.5 万吨。

（二）企业已采用的环境管理措施及取得的成效

公司通过采用节能设备、保温材料等措施，提高加热设备效率，达到蒸汽预热利用、提高燃烧效率和提高低谷用电量等目的。

企业已对废水分类进行预处理，通过回收利用其中有价的元素，对不同的废水在生产环节中按照不同的生产要求加以循环利用，无法再利用的废水经过集中处理，使之达到废水排放标准后排放。对生产中所产生的废渣水进行水封保存，以便今后进一步进行深度开发和利用。

三、甘肃银光聚银化工有限责任公司

（一）公司概况

甘肃银光聚银化工有限公司成立于 2001 年 8 月，银光聚银的甲苯二异氰酸脂（TDI）生产线是由中国兵器工业集团公司、甘肃省人民政府和甘肃银光化工集团有限公司三家联合投资兴建的国家"七五"计划重点项目，是我国首次从国外引进的一套大型现代化甲苯二异氰酸脂生产装置，生产线的设计能力为年产 5 万吨甲苯二异氰酸脂产品，该生产线填补了国内甲苯二异氰酸脂生产的空白。由于我国聚氨酯工业迅速发展，每年对甲苯二异氰酸脂的需求量以两位数增长，为替代大量进口产品和占据将来国内甲苯二异氰酸脂行业的竞争力，2003 年开始设计和建设一条年产 2.4 万吨甲苯二异氰酸脂的生产装置，并于 2005 年建成投产。

（二）企业已采取的环境管理措施

该公司在生产中已采取多项环境保护措施对生产过程进行改进，主要包括以下几个方面：

（1）对生产中产生的氯气、光气等有毒气体物料，用碱液吸收破坏。

（2）锅炉尾气、烟尘等，用文丘里、水膜除尘器进行吸收处理。

（3）对生产中产生的易燃、可燃气体，采用火炬焚烧处理。

（4）有机废水，采用生化处理。

（5）有机废渣，采用新建焚烧炉焚烧处理，尾气经除尘设施处理。

（6）粉煤灰掩埋后，进行绿化。

四、甘肃长通电缆科技股份有限公司

（一）公司概况

甘肃长通电缆科技股份有限公司成立于 1965 年，主要生产各种裸电线、电气装备用电线电缆、电力电缆、电磁线 4 个大类 180 多个品种，1 万余种规格的高、中、低压电线电缆产品，产品目前市场占有份额 30%。企业现有主要设备有无氧铜杆上引机组、铝连铸连轧机组、铜铝拉丝机、管式绞线机、笼式绞线机、柜式绞线机、叉式绞线机、干法交联机组、挤塑机、挤橡连硫生产机组、XH－160/40 密炼橡胶生产线、催化燃烧漆色机、铜带屏蔽机等。2003 年，通过中国质量认证中心 ISO14000 环境体系认证。

（二）企业已采取的环境管理措施

自 1983 年至今，已采取多项环境保护措施，一是建立生产用水循环系统；二是加强各类废弃物的控制管理；三是熔铝炉重油燃烧改用柴油；四是对锅炉系统进行改造。

五、靖远煤业有限责任公司

(一) 公司概况

靖远煤业有限责任公司是 2001 年 8 月由原靖远矿务局基础上改制而成的以煤为主、多业并举，具有煤炭生产、基本建设、多种经营、地质勘探、机械制修、科研设计等综合性的现代化企业。2004 年，生产原煤（含破产矿井）748.14 万吨，现开采的煤种为不黏结、弱黏结煤及气煤，具有低硫、低灰、低磷、高发热量的特点，广泛用于电力、化工、冶金、建材等行业和生活民用。品种有大块、混中块、小块、渣煤、混煤、沫煤 6 种。企业销售 720.48 万吨，主营业务收入 12.6 万吨，实现利润 3150 万元。矿井设计能力 666 万吨，实际生产能力达 800 万吨/年，采煤机械化程度达到 92.77%，全员工效 3.151 吨/工日。靖远煤业所属煤田由大宝、红会、王家山 3 个独立自然煤田组成，矿区总面积 102 平方公里，其中：大宝煤田布置有大水头矿、魏家地矿、宝积山矿；红会煤田布置有红会一矿、红会三矿、红会四矿；王家山煤田布置有王家山煤矿。3 大煤田均为下志留统中生界基底地层，上三迭统为正常煤系基地，主要含煤地层为中侏罗统窑街组，煤层赋存稳定，结构简单，厚度大，特厚煤层约占 90% 以上，煤层开采条件优越，煤的牌号均为不黏煤或弱黏煤，原煤发热量在 6000 卡/克以上，属低硫、低磷、低灰的优质动力煤。截至 2003 年年底，靖远煤业 3 个自然煤田累计探明地质储量 10.6 亿吨，保有工业储量 9.1 亿吨，可采储量 5.5 亿吨。该公司目前为甘肃最大的煤炭基地和主要出口煤基地。

(二) 企业已采用环境管理措施及取得的成效

1. 瓦斯热电联供电站

靖远煤业所属大水头矿为高沼气矿井，魏家地矿为煤与瓦斯突出矿井，瓦斯储量丰富，可抽性好。大水头矿瓦斯储量 18.48 亿立方米，可抽量 6.29 亿立方米；魏家地矿瓦斯储量 28.58 亿立方米，可抽量 6.57 亿立方米。大水头矿和魏家地矿均建设于 20 世纪 70 年代，在矿井设计建设中，基于当时的产业政策，瓦斯抽放只单纯满足矿井安全的需要，直接排放于地面大气之中。矿井直排于大气中的瓦斯，破坏了大气中的臭氧层，对周围环境造成破坏，影响了人类的健康，加重了空气的污染。

近年来，随着国际、国内对环境保护和资源利用政策的日益严格，公司从资源的综合利用和环境保护出发，提出建设瓦斯电站项目。项目总投资 4149 万元，一期工程于 2004 年 5 月建成投产。2004 年累计发电 1200 万千瓦时，年综合利用瓦斯 2000 万立方米。经过一年多的运行，表明该项目具有投资少、见效快、成本回收期短，运行可靠、节能环保等优点，是西北地区煤炭行业发展循环经济环保型综合利用和实现项目投资多元化示范工程项目。

2. 靖远矿区废污水回收利用和雨水集流

公司大宝矿区分为大水头矿、魏家地矿和原宝积山矿 3 个矿，每天井下废水排放量分别为 3178 立方米/天、3233 立方米/天和 1315 立方米/天，全年大宝矿区矿井废水排放量 282 万吨；红会矿区分为红会一矿、原三矿和红会四矿 3 个矿区，每天井下废水排放量分别为 4273 立方米/天、1288 立方米/天和 3452 立方米/天，全年红会矿区矿井废水排放量为 329 万吨；王家山矿区就王家山一个矿，每天井下废水排放量为 4584 立方米/天，全年王家山矿区矿井废水排放量为 126 万吨。另外，王家山矿附近有现成的地形利用筑坝拦截雨水，刨除渗漏、蒸发等各种损失，每年可有近百万吨雨水可供利用。

公司根据国家相关政策，为保护环境，提高资源利用率，提出建设矿区废污水回用和雨水集流项目。矿井废污水综合利用项目由西安建筑科技大学完成设计工作，已于 2005 年 9 月开工建设；雨水集流项目也将开工建设。此项目的建设使得矿井水经处理后达到生活饮用水标准，供人们饮用，具有可观的经济效益和社会效益。

六、国电靖远发电有限责任公司

（一）公司概况

国电靖远发电有限公司是于 1999 年 5 月由原靖远电厂改制而成，公司现装有 4 台 200MW 国产燃煤机组，总投资 11.1 亿元，首台机组于 1986 年 8 月动工兴建，于 1989 年 10 月开始投产发电，整体工程是国家"七五"、"八五"重点项目，并于 1992 年 11 月全面竣工。公司毗邻黄河、紧依煤田，是一座大型坑口电站，也是连接陕甘宁青四省区枢纽电网的重要电源支撑点。企业已实施了4台锅炉的达产改造，正在逐步实施锅炉的烟气脱硫和汽轮机通流改造工程，完成了4台机组的DCS改造等重大项目。截至2004年8月底，公司累计发电达602.13亿千瓦时，实现工业总产值67亿多元。该企业发电水耗为1.15立方米/百万千瓦，与目前国外发达国家火力发电厂耗水量标准1立方米/百万千瓦、国家颁布的《工业用水量定额》中规定200MW机组的发电水耗定额1.34～1.79立方米/百万千瓦及我国大多数火力发电厂耗水量度1.5～2.5立方米/百万千瓦和少数电厂达到1立方米/百万千瓦的水平相比较，该企业的发电水耗水平已达到国内先进水平。

（二）企业已采用的环境管理措施及取得的成效

1. 废水回收

（1）工业废水回收治理。目前，公司已完成废水回收泵的安装与调试工作，投入到正常的运作当中，将工业废水进行回收后分别进入Ⅱ、Ⅰ冲灰冲渣水池用于冲灰冲渣水，两台泵每小时回收工业废水用于冲灰冲渣水量为200吨/小时。

（2）灰水回收治理。公司灰水达标排放已完成，在灰水站增建了一座平流式沉淀池，总容积2484立方米，有效容积2160立方米，沉淀池可满足设计流量1200立方米/小时，停留1.8小时。

为了减少灰水的排放及提高水的利用率，充分利用公司现有设备，公司制定了如下灰水回收方案：根据目前冲灰水系统的运行方式及冲灰水量，利用两台340立方米/小时深井泵，安装至沉淀池上部，通过6号灰管将废水进行回收后分别进入Ⅱ、Ⅰ冲灰冲渣水池，供锅炉除灰渣使用，部分还可补入循环水系统。

（3）生活污水回收利用。电厂的生活污水分为厂区和福利区生活污水两种，电厂生活污水的化学需氧量（COD）、5日生物需氧量（BOD5）的浓度值较小，生化处理的难度较大，但是，由于其基本不含重金属等有害物质，可以用于绿化、灌溉等用途。公司目前通过加装潜水泵的方式将部分生活污水利用，进入厂区、福利区做绿化、灌溉用水。

2. 粉煤灰回收

粉煤灰来源于4台670吨/小时燃煤锅炉中运行产生的排放物，公司于 1995 年共投资 182 万元扩建了 3 号、4 号炉取灰工程,经过多年的发展,4 台机组全部安装了取灰设备;公司拥有一座 1800 立方米的大型储灰库,目前公司已形成 8 万吨粉煤灰采集能力,年可实现销售粉煤灰 3 万吨,为连续提供优质粉煤灰创造了良好的条件。公司粉煤灰品质优良,二、三电场的粉煤灰经过多次试验,均已达到 I 级粉煤灰标准,一电场的粉煤灰也达到了 II 级粉煤灰标准。公司生产的粉煤灰已广泛用于甘肃省清水古城水电站建设、青藏铁路修建、公路建设和水泥生产。

第三节 白银市主要企业的产污、排污现状

一、白银有色金属集团公司

(一)白银有色铜业有限公司

1. 烟气制酸系统

企业自建成投产,已运行 40 余年,制酸系统目前仍采用落后的单转单吸制酸流程,由于长期投入不足,设备超期服役,致使主体设备跑、冒、滴、漏现象严重,各项排放指标严重超标。目前,年排放大气中二氧化硫量 60582 吨,超过白银市区二氧化硫总排放量的 50%;年排放工业粉尘 2226 吨;年排入黄河含铜、铅、锌、砷等重金属离子严重超标的酸性废水 134 万吨,该酸性废水的主要污染物占白银市区废水等标污染负荷的 80% 以上。铜冶炼厂地处黄河上游,多达 134 万吨/年含重金属离子的酸性废水排入黄河,使黄河白银段水质由 II 类降为 III 类,给周边地区及黄河流域水资源造成严重污染。

2. 铜电解系统

采用常规小极板电解工艺,电解液净化采用蒸发浓缩电极脱铜法,循环系统采用 5 个小系统,槽槽罐罐较多,并集中设在厂房中下层。由于电解液净化脱铜工艺落后,净化效果差,导致阴极铜板面结粒子,经常短路,槽面操作频繁,无法覆盖,酸雾弥漫整个厂房。净化过程后期产生的酸雾和砷化氢气体浓度高,也是污染的重要来源。同时,由于工艺上没有

除镍过程，部分废液需要定期外排。

3. 铜粗炼系统

熔炼工序的50立方米白银炉为白银炉开发初期所使用的试验炉，炉型为单室炉，产出烟气二氧化硫浓度低，时常满足不了硫酸系统对二氧化硫浓度的要求，致使烟气时有外排。同时，50立方米白银炉冰铜放出溜槽长达近20米，冰铜放出时低空二氧化硫污染严重，职工操作环境恶劣。目前熔炼渣是先排放到渣锅，由火车运至渣场以干渣的形式废弃，废弃干渣不仅占用大量土地，而且由于粉尘飞扬，造成环境污染。

转炉工序有3台50吨转炉，1号、2号转炉已通过改造使用了先进的密闭烟罩。而3号转炉由于烟气出口立柱间距太小，仅有5.5米，无法进行密闭烟罩改造，大量烟气从炉口外泄，二氧化硫外泄量达3000吨/年，造成二氧化硫烟气低空污染严重（见表5－3）。

表5－3　　2004年白银有色铜业有限公司"三废"产生量情况统计表

单位	废水量 （万立方米/年）	废渣 （万吨/年）	废气量 （万立方米/年）
白银有色铜业有限公司	198.3	17.1	127082

废气中二氧化硫排放量60582.05吨/年，烟尘排放量51.75吨/年，工业粉尘排放量2226.06吨/年；废水污染物排放量镉16.57吨/年，铅26.85吨/年，砷208.41吨/年，锌477.01吨/年，铜47.6吨/年，氟51.19吨/年；废渣产生量17.1万吨/年，综合利用量5.58万吨/年，贮存量11.52万吨/年。

（二）白银公司第三冶炼厂

1. 废气污染

第三冶炼厂的废气污染主要有低浓度二氧化硫、酸雾、工业粉尘，其年排放量分别为24500吨、340吨和1600吨。分别来自于铅锌烧结、熔炼备料和制酸系统。由于铅锌烧结系统的主体设备烧结机在建厂时就是从鞍钢调拨的闲置设备，设备性能已严重老化，目前漏风率高达30%～40%；现有的反吹风布袋收尘器通风收尘量明显偏小，过滤风速低，不能满足工艺要求，因此大量工业粉尘、低浓度二氧化硫烟气在烧结厂房乃至整个厂区及生活区四处弥漫，烧结作业环境极差，厂区低空污染十分严重，直接影响到硫及铅锌资源的高效利用。而且，用于冶炼烟气收尘的电收尘器钢结构严重腐蚀，极板极线老化变形，收尘效率仅为 70% ~ 80%，大量的烟尘被带入硫酸净化系统，增加了净化系统的负荷。净化系统二段电雾仍然是原 PVC 材的老设备，老化开裂，漏风严重，电雾捕集效率仅为 70%；干吸系统为落后的单转单吸烟气制酸流程，转化率吸收率都比较低，致使尾气中二氧化硫含量高达 2950 毫克/标准立方米，酸雾 2300 毫克/标准立方米，远高于环保排放标准。熔炼车间备料工段在烧结块、杂料、热焦振动筛、计量漏斗及料罐给料等处均有粉尘散发，粉尘无组织排放现象严重，现场环境恶劣。

2. 废水污染

第三冶炼厂的供水由新水、循环水和回水三部分组成。新水由白银公司动力厂统一供给，全厂现有 8 套自循环系统，6 个废水排放口。生产、生活污水排入东大沟，在 6 公里处设有污水处理设施，对来自第三冶炼厂上游包括第三冶炼厂的东大沟废水进行两级澄清处理，处理后的废水作为生产补充水回收利用，多余部分直接排放。

随着产能逐年提高，现有循环水系统能力严重偏低，冷却能力不足，尤其是兰粉洗涤系统，浓密机能力偏小，水质下降。为满足工艺需求，系统补水量增加，溢流量相应增大，时有冒顶、涨池现象，含重金属的污水稍微控制不准就得外排。硫酸系统由于电收尘老化严重，后部净化系统酸性废水中酸泥量增加，每天外排酸性废水 960 吨，在硫酸车间经过石灰乳中和、板框过滤的初级治理后直接排入 6 公里回水系统。2004 年，6 公里总排水口外排水量 200 万吨，污染物浓度（毫克/升）见表 5 - 4。

表 5 - 4　　　　2004 年六公里总排水口外排污水污染物浓度表

单位：毫克/升

	PH 值	悬浮物	化学需氧量	铜	铅	锌	镉	砷	汞	氟	硫	石油	酚
均值	8.19	1053.7	110.3	0.79	4.93	9.6	0.4	0.02	0.015	5.89	7.86	0.92	0.3

由此可见，第三冶炼厂外排水中铅、锌、镉超标 4~5 倍，悬浮物超标 10 倍以上。

3. 废渣污染

第三冶炼厂废渣由冶炼渣和燃煤炉渣两部分组成，冶炼渣全部售出作为水泥原料综合利用，燃煤炉渣部分堆存，部分利用。2004 年各种废渣产生量及处置情况如表 5-5 所示。

表 5-5　　　　　2004 年各种废渣产生量及处置情况汇总表　　　　　单位：吨

序号	废渣种类	产生量	利用量	堆存量
1	冶炼废渣	57000	57000	0
2	燃煤炉渣	10000	7000	3000
	合计	67000	64000	3000

（三）白银公司西北铅锌冶炼厂

按照废水、废气和废渣分类，西北铅锌冶炼厂的产污和排污现状分别列于表 5-6、表 5-7 和表 5-8 中。

表 5-6　　　　西北铅锌冶炼厂主要废水污染源排放情况统计表

排污单位	废水量（万立方米/年）	污染物排放量（吨/年）						
		汞	镉	铅	砷	化学需氧量	铜	氟
西北铅锌冶炼厂	231.8	0.09	0.86	1.83	0.40	165	3	19.9
占白银区主要废水污染源的比例（%）	10.12	35.02	4.65	5.46	0.19	6.37	5.16	21.24

表 5-7　　　　西北铅锌冶炼厂主要废气污染源排放情况统计表

排污单位	废气量（万立方米/年）	污染物排放量（吨/年）		
		二氧化硫	烟尘	工业粉尘
西北铅锌冶炼厂	61400	12000	117	86
占白银区主要废气污染源的比例（%）	3.19	11.6	3.77	0.92

表 5 – 8   西北铅锌冶炼厂主要废渣污染物排放情况统计表

排污单位	工业固体废弃物（万吨/年）				
	产生量	综合利用量	贮存量	处置量	排放量
西北铅锌冶炼厂	10.2	4.3	5.9		
占白银区主要废渣污染源的比例（%）	5.11	9.79	3.8		

二、甘肃稀土集团有限公司

企业的废水排放量为 33 万吨/年，废气排放量为 54 万立方米/年，固体废弃物排放量主要包括煤渣、精矿渣和盐泥（见表 5 – 9）。

表 5 – 9   甘肃稀土集团有限公司三废排放情况统计表

排污企业	废水排放量（万吨/年）	废气排放量（万立方米/年）	固体废弃物排放量（千吨/年）		
			煤渣（千吨/年）	精矿渣（千吨/年）	盐泥（千吨/年）
甘肃稀土集团有限公司	33	54	13.2	5.12	0.79

三、甘肃银光聚银化工有限责任公司

甘肃银光聚银化工有限公司废水量为 37.6 万立方米/年，占白银区废水污染源的 2%；废气量 64800 万立方米/年，占白银区主要废气污染源的 3%；废渣产生量为 2.5109 万吨/年，综合利用量为 0.748 万吨/年，贮存量为 1.7 万吨/年。因此，企业的主要污染物是二氧化硫和烟尘为主的废气污染（见表 5 – 10、表 5 – 11 和表 5 – 12）。

表 5-10　甘肃银光聚银化工有限公司主要废水污染源排放情况统计表

排污单位	废水量	污染物排放量（吨/年）	
	（万立方米/年）	化学需氧量	石油类
甘肃银光聚银化工有限公司	37.6	75.5	3.085
占白银区主要废水污染源的比例（%）	2	3	19

表 5-11　甘肃银光聚银化工有限公司主要废气污染源排放情况统计表

排污单位	废气量	污染物排放量（吨/年）	
	（万立方米/年）	二氧化硫	烟尘
甘肃银光聚银化工有限公司	64800	518.4	911.04
占白银区主要废气污染源的比例（%）	3	1	29

表 5-12　甘肃银光聚银化工有限公司主要废渣污染物排放情况统计表

排污单位	工业固体废弃物（万吨/年）		
	产生量	综合利用量	贮存量
甘肃银光聚银化工有限公司	2.5109	0.748	1.7
占白银区主要废渣污染源的比例（%）	1	2	1

四、甘肃长通电缆科技股份有限公司

甘肃长通电缆集团公司的主要产污物是废水和废渣，其中：废水排放量为 7.5 万立方米/年，占白银区主要废水污染源的 0.33%，废渣产生量为 0.07132 万吨/年，而其排放量占白银区主要废渣污染源的 79.204%。因此，企业目前的排污及对环境的影响主要以废渣为主。该企业产污和排污现状见表5-13和表5-14。

表 5-13　甘肃长通电缆集团公司主要废水污染源排放情况统计表

排污单位	废水量（万立方米/年）	化学需氧量（吨/年）
甘肃长通电缆集团公司	7.5	4.875
占白银区主要废水污染源的比例（%）	0.33	0.188

表5-14　　甘肃长通电缆集团公司主要废渣污染物排放情况统计表

排污单位	工业固体废弃物（万吨/年）		
	产生量	贮存量	排放量
甘肃长通电缆集团公司	0.07132	0.01	0.06132
占白银区主要废渣污染源的比例（%）	0.04	0.01	79.204

五、靖远煤业有限责任公司

靖远煤业的主要产污是固体废弃物，其产污及排污分析见表5-15、表5-16和表5-17。

由表中资料可知，靖远煤业的主要固体废弃物是炉渣和煤矸石，2004年，炉渣产生量为8100吨，煤矸石产生量为669150吨。炉渣通过综合利用（用做生产建材原料和筑路材料）全部得到循环利用，煤矸石则作为企业今后深入开发的资源进行环境无害化贮存。

表5-15　　　　　　　　靖远煤业固体废弃物产污及排污一览表　　　　　　单位：吨

年份	工业固体废弃物产生量	炉渣产生量	炉渣综合利用量	煤矸石产生量	煤矸石贮存量
2002	455800	17800	17800	438000	438000
2003	508250	8250	8250	500000	500000
2004	677250	8100	8100	669150	669150

表5-16　　　　　　靖远煤业瓦斯废气产生、利用及排放量统计表

	瓦斯总储量（亿立方米）	瓦斯产生量（万立方米/年）	瓦斯利用量（万立方米/年）	瓦斯利用方式	瓦斯排放量（万立方米/年）
靖远煤业	47.38	4520	2000	瓦斯气发电	2520

表 5-17   靖远煤业井下废水产生量和排放量

	大宝矿区				红会矿区				王家山矿区	
	大水头矿	魏家地矿	原宝积山	全年合计	红会一矿	原三矿	红会四矿	全年合计	每天	全年合计
废水产生量	3178立方米/天	3233立方米/天	1315立方米/天	282万吨	4273立方米/天	1288立方米/天	3452立方米/天	329万吨	4584立方米/天	126万吨
废水排放量	3178立方米/天	3233立方米/天	1315立方米/天	282万吨	4273立方米/天	1288立方米/天	3452立方米/天	329万吨	4584立方米/天	126万吨

六、国电靖远发电有限责任公司

企业在设计生产负荷条件下，4 台机组设计年消耗原煤 196 万吨，产生废渣（炉渣）9 万吨，粉煤灰 35.5 万吨；废气 1728000 万立方米，其中排放二氧化硫 1.4 万吨，氮氧化物 2000 吨和大量二氧化碳；废水排放情况为：用于冲灰和冲渣的废水量为 38829.6 吨/天，排出工业废水量为 4401.6 吨/天，厂区、福利区排出的生活废水量为 5116.29 吨/天（见表 5-18）。

表 5-18   现有电厂污染物排放情况

项 目			单位	数值				备注
				1 号炉	2 号炉	3 号炉	4 号炉	
大气污染物	二氧化硫	排放量	千克/小时	748	239	748	748	
		排放浓度	毫克/立方米	837	268	837	837	
	烟尘	排放量	千克/小时	178	178	178	178	实测浓度
		排放浓度	毫克/立方米	200	200	200	200	
	氮氧化物	排放量	千克/小时	195	195	195	195	
		排放浓度	毫克/立方米	300	300	300	300	

续表

项　　目		单位	数值				备注
			1 号炉	2 号炉	3 号炉	4 号炉	
水污染物	工业废水排放量	立方米／小时	284				达标后排放
	厂区生活污水排放量	立方米／小时	40				
	冲灰水排放量	立方米／小时	882				加酸处理后排放
灰渣	排灰量	吨／小时	88.65				少量综合利用
	排渣量	吨／小时	10				

注：2 号炉进行"炉内喷钙尾部增湿"脱硫改造，3 号或 4 号炉进行"双区燃烧"脱氮改造

资料来源：企业调查（Ⅰ），2005 年。

第四节　白银市企业环境管理的不足

白银市相关重点企业已采取了一些环境管理措施，并取得了一定的成效（参见第五章第二节），但是，很多企业仍然存在较多的环境问题（参见第五章第三节），暴露出企业环境管理中的不足，主要体现在以下几个方面：

一、环境管理活动依然被企业当做成本支出予以考虑

目前，白银市各主要企业的环境管理大多还停留在废弃物的末端治理阶段，环境在企业战略要素中属于成本因素。因此，各个企业的环境管理仍处于被动治理的状态。加之，近年来，白银市有关企业普遍经营状况不佳，这种情形更为突出。白银有色金属集团的有关企业，由于设备陈旧、负债严重，而使得企业无暇顾及环境管理，究其原因，是污染治理费用较之不予治理所承担的内部成本较高所致。

二、组织结构上，缺少对环境要素的共同关注

国际上，各国的大公司都有专门的环境、健康和安全（EHS）部门，虽然其权力还相对有限（格雷德尔和艾伦比，2003）。即使就国外的大公司的 EHS 部门来看，其对于实施主动环境管理和产业生态学的总体目标往往也起不到决定作用（格雷德尔和艾伦比，2003），因为许多其他职能部门的专业知识对实施主动环境管理和产业生态学来说是必不可少的。

对于白银市的企业环境管理来说，首先，还缺少专门的环境、健康和安全部门①，各个企业普遍存在的组织机构是技术部、生产部和销售部，这说明"环境要素"还远没有进入白银市各个公司的战略层次。其次，在企业的各个部门内部或之间缺乏对企业环境要素的关注。最为显著的例子是，在笔者所调查的企业中，仅有长通电缆一家于 2003 年 1 月通过 ISO14000 环境管理体系认证，其余诸如白银有色和靖远电力等核心大企业都没有通过该项认证。

三、法律对企业的约束作用较弱

在两次企业调查中，笔者发现一个有趣的事实，即鲜有企业提到实施清洁生产，他们采取环保措施的目的似乎是为了规避法律惩罚。从上一节中我们可以发现，很多企业生产过程中的污染物排放仍相当严重，另据白银市环保局《2004 年度环境质量报告书》（2005）记载：

2004 年，全市废气排放总量为 6991282 万标立方米，比 2003 年增加 1070166 万标立方米，其中，工业燃烧废气排放量为 5232107 万标立方米，生产工艺废气排放量 1759175 万标立方米，与 2003 年相比，分别上升了 18.1% 和 18.1%。工业废气中二氧化硫排放量为 143919.54 吨，比 2003 年增加了 18.6%，其中生产工艺过程排放 103258.82，占 71.7%，这当中，排放达标量 1179.11 吨，仅占 1.14%。排放行业主要是电力和

---

① 我们在白银调研期间，各个企业参与访谈的部门均是"发展计划部"。

有色金属冶炼业。……

如前所述，电力和有色金属冶炼业在白银市经济中的地位举足轻重，在对 GDP 的贡献上（工业增加值），二者占全市 22 个行业的前两位。由此不难看出，环境法律对于该类"经济大户"企业的约束作用相当薄弱。

在调查中，我们还发现一个有趣的事实，除了长通电缆外，在我们调查的企业中，其余企业的权属均为省及省以上。白银市市级环境保护局执法权限很难覆盖该类中央及省属企业，这是导致法律的约束作用较弱的原因之一，同时，也对我国改革环境管理职能部门的权限提出了挑战。

四、废弃物循环利用程度较低

白银市的诸多企业属于原材料行业，开采和加工过程中排放的废弃物中含有多种有用元素，若能对其进行有效收集和循环利用，不但能降低环境污染，而且具有可观的经济效益。目前，在废弃物的循环利用上做得较好的是靖远煤业和靖远电力，但循环利用程度都较低。

另外，就目前白银市各企业的废弃物循环利用实际来看，还鲜有不同企业之间的互换利用，即还没有形成不同企业之间的废弃物循环网络。但是，诸多国际经验表明，行业之间的废弃物循环网络是促进工业区域可持续发展的有效途径（E. J. 施瓦茨，1997；斯特雷贝尔和波斯奇，2004）。传统的产业循环网络理论能否适用于诸如白银市这类资源性工业区域？我们将在下一章中做进一步的论证。

本章小结

环境管理的思想与方法大致经历了把环境问题作为一个技术问题、把环境问题作为经济问题和把环境问题作为一个发展问题三个阶段。在上述三个阶段中，企业环境管理的概念发生了重大变化，企业已成为环境管理的重要主体。环境因素从一般管理成本的范畴向企业的战略决策转变，企业环境管理能力已经从一种控制法律风险的手段，变成可持续竞争优势的潜在来源。

　　白银市的重点资源型企业虽然已经采取了一定的环境管理手段，并取得了一定的绩效，但是，各企业的产污和排污现状仍相当严峻。环境管理活动依然被企业当做成本支出予以考虑，企业的环境管理行为大多属于被动的末端治理行为。加之，法律对重点企业的约束作用较弱，综合导致废弃物循环利用程度低，工业企业可持续竞争优势和潜力不足。

第六章 产业循环网络的区域
适用性研究

本章选择中国西北地区的典型资源性城市——甘肃省白银市，作为研究区域，根据调查获得的重点企业对废弃物回收利用的预期以及各企业对循环经济发展的设想，综合第四章和第五章的结论，检验了在第二章和第三章中提出的两个假设。研究结果为在资源型工业区域有效实施产业生态学原理，促进区域可持续发展提供了可能。

本章首先讨论研究产业循环网络的区域适用性的意义；然后在白银市企业网络现状特征的基础上，研究重点企业对废弃物回收利用的预期以及各企业对循环经济发展的设想；最后是本章结论。

第一节 研究产业循环网络区域适用性的意义

自施瓦茨（1997）的开创性的论述之后，产业循环网络在产业生态学实践和区域可持续发展研究中受到越来越多的重视。卡卢扎（1999）将网络的概念一般化，认为可以利用企业之间的合作关系，建立对循环经济发展有重要意义的环境管理网络，并且认为产业循环网络只是环境管理网络中侧向环境管理网络的一种特殊形式。近年来，还有一些学者提出了"可持续性网络"的概念（如波斯奇，2004；斯特雷贝尔和波斯奇，2004），认为组织之间的循环只是可持续性网络中所有合作关系中的一种形式。但是，无论将网络的概念如何扩展，现实中，最为普遍、研究最多的概念仍然是产业循环网络。

目前，在亚太地区广泛实践的生态产业园，其核心思想也是产业循环网络［洛（Lowe），2001］。中国，则在全国范围内进行着一场空前的循环经济的推广与实践〔袁（Yuan），2006〕。中国的循环经济主要从企业、区域和国家三个层次上进行实践，而在区域层次上，循环经济强调构建一个以产业链为载体的物质循环网络，通过建立一个全面的废弃物收集、再制造、再循环和无害废弃物处置的产业系统，实现区域资源的最优配置和再利用（CCICED，2005）。可见，其核心思想仍然是产业循环网络。

在广泛讨论产业循环网络对于产业生态学实践和区域可持续发展的贡献的同时，却较少听到对产业循环网络有效性和适用性的讨论。是不是产业循环网络对任何类型的区域，都是一把通向可持续发展的万能钥匙？斯特尔（Sterr，2004）就当前生态产业的发展多集中在生态工业园的层次提出质疑，并且通过对德国的一个重要工业区莱因－内卡河地区（Rhine－Neckar Region）的研究，认为较大的区域也许更适合闭合物质循环和创建可持续的产业生态系统。吉布斯（Gibbs，2005）对生态产业园的规划和效果提出了质疑，通过对美国 10 个生态产业园的研究，认为美国生态产业的发展及其对经济发展和环境政策的贡献尚处于初级阶段。这些努力对于研究产业生态学的理论如何更现实地应用于实践具有重要的意义，但是，这些努力仍然缺乏对产业循环网络区域适用性的讨论。是不是产业循环网络适用于所有类型的工业区域？回答这个问题对于理解和缩小所谓的产业生态学的理论与实践之间的鸿沟〔奥罗克等（O'Rourke et al.），1996〕具有重要的意义。

第二节　白银市企业网络的现状特征

在第四章中，我们利用"社会网络分析"的方法，较为详细地研究了白银市企业网络的现状特征。归纳起来，有以下几个方面：

（1）白银市企业网络中的个体以资源型企业为主，虽然相对数目较少，但企业间联系较为密切。由于多数的资源型企业生产的原料直接来源于自然界或区外，因此，在企业网络中，个体间的联系以最终产品联系为主。白银市企业生产过程中产生的副产品或废弃物只有部分在企业内部循环利用，企业间的联系很薄弱。

（2）有色、电力和煤炭企业的外向中心度较高，但内向中心度却较低。这是因为，这类企业的产品作为其他企业的生产原料需求广泛，但其生产原料主要是区内自然资源，与其他企业联系较少。

（3）外部企业内向中心度很高，外向中心度也比较高。较高的外向度说明白银市企业的生产较多地依赖于区外资源；很高的内向度说明白银市各企业的产品都为区外企业所需。因此，区外企业在企业网络中占有重要地位。

（4）稀土企业和化工企业外向度很低，但内向度却较高。这两家企业的产品市场主要在区外，所以其外向度很低；但这两家企业较多地依赖于区外企业和区内企业提供的原料，所以其内向度较高。

能否在资源型工业区域建立传统的产业循环网络？要回答这个问题，不能仅仅凭借科研人员的个人经验下结论，我们更多地需要了解当事者对该问题的认识，这有利于充分发挥地方知识体系在可持续的资源管理中的作用，提高地方的可持续性（B. 米切尔，2002）。

因此，我们在企业调查中做了有关"企业对废弃物回收利用的预期"和"各企业对循环经济发展的设想"的调查。为了降低企业因不了解循环经济，而对所调查问题回答不恰当的可能性，我们在问卷中对循环经济的概念做了简明扼要的解释，并且做了"企业对循环经济的认识"的调查（见附录2）。返回的结果显示，被调查企业普遍认为，发展循环经济对经济发展、资源保障和环境保护都有较大的正面影响。

所以，我们将在对白银市企业网络现状特征分析的基础上，通过分析"企业对废弃物回收利用的预期"和"各企业对循环经济发展的设想"，得出本章提出的主要问题的结论。

第三节　各企业对废弃物回收利用的预期

从前面的分析中我们已经知道，白银市企业网络在副产品或废弃物方面的联系还很薄弱。在调研过程中，我们一直带着这样的疑问，即是否可以利用白银市企业网络中较为密切的最终产品联系的基础，构建一个产业循环网络，从而有效地促进地方工业系统的可持续发展。因此，在研究中，我们做了一项关于企业的废弃物回收利用现状和前景的调查。各企业对调查的回答显得较为简单。但是，从企业调查的结果来看（见表6-1），绝大部分已回收利用的废弃物的回收主体是本企业，企业间存在的合作环境管理还很少。对于废弃物利用前景的回答却反映了这样一个有趣的事实：从各个企业的认识来看，很少存在可以利用它的废弃物的其他企业。长通电缆认为，区内存在可以利用它的废弃物的其他企业，但事实上，终究由于其数量较少，而无法得到有效的回收利用，只能露天堆放。白银有色认为，它的副产品氟石膏可以为其他企业所用，但因为回收成本太高，同样也只能露天堆放。

表6-1 　　　　白银市重点企业废弃物回收利用现状及前景

企业名称	已回收利用的废弃物	回收主体	可以回收利用但没有被回收利用的废弃物	可以回收利用的主体	没有回收利用的原因	没有回收利用的废弃物处理方式
白银有色	选矿尾砂	本企业	冶炼渣 氟石膏 铅银渣 铁矾渣	本企业 其他企业 目前没有 目前没有	回收成本高 回收成本高	露天堆放 露天堆放
靖远煤业	瓦斯气 矿井水 煤矸石	本企业 本企业 本企业	瓦斯气 矿井水 煤矸石	本企业 本企业 本企业		直接排入大气层 露天堆放 露天堆放
靖远发电	灰渣	本企业				
银光化工（含银光聚银和银光化工）	废焦 次氯酸钠 废酸 废水 废渣	本企业 本企业 本企业 本企业 其他企业				
甘肃稀土						
长通电缆	废铝丝 废铜丝 废塑料 废木盘 废钢丝 废钢带	本企业 本企业 其他企业 其他企业	废橡胶 ABS盘 废麻袋片 废钢丝 废钢带	其他企业 其他企业 其他企业	数量较少 数量较少 数量较少	露天堆放 露天堆放 露天堆放

第四节　各企业对循环经济发展的设想

在我们调查过程中，各个企业都谈到了其对循环经济发展的设想。从这些设想中，我们发现各个企业对循环经济的设想主要表现为以下目的：

（1）延长产业链，提高产品附加值。

（2）对产污严重的生产过程进行清洁生产改造，降低环境成本。

（3）综合利用附加价值较高的副产品和废弃物，获得经济效益和环境效益的双赢。

下面按照上述分类，我们简要地列出了各个企业的循环设想（见表6-2）。值得注意的是，没有一家企业提及与其他企业在废弃物循环方面进行合作，这大概不能归因于企业在这方面的无知（因为我们在调查问卷中已经对循环经济的概念做了解释）。这一点与表6-1中反映出的事实基本一致。

表6-2　　　　　　　　企业对自身循环经济发展的设想

企业	措施	目的
白银有色	□ 铅锌铜冶炼节能环保重点技术改造	B
	□ 进行废渣、尾矿等可二次利用资源的开发	C
	□ 对生产矿山进行摸底勘探，以增加储量，延长寿命	C
	□ 利用公司在有色金属行业多年积淀形成的产业基础优势，大力开发有色金属合金系列产品	A
	□ 利用西北铜加工厂现有有色金属加工技术及人才优势，开展新型高精度有色金属材料及功能材料的开发	A
靖远煤业	□ 充分利用魏家地矿瓦斯气进行热电联供电站开发建设，以消除对大气环境的影响及对臭氧层的破坏	C
	□ 实现靖远矿区废污水回用和雨水集流综合利用，消除井下废水外排污染，增加雨水集流利用生态效益	C
	□ 利用煤矸石资源发电，延长企业产品链条以降低企业用电成本	C

企业	措施	目的
	□ 节能降耗	B
	□ 实施产品结构调整战略，实现资源型产品的深加工，提高产品附加值	A
靖远发电	□ 废水"零排放"	C
	□ 粉煤灰的综合回收利用	C
银光公司（含银光聚银和银光化工）	依托 TDI、无水氢氟酸等项目，配套发展民爆系列、硝化系列、氢化系列、光化系列、氟系列等化工及精细化工产品，延伸壮大产业链，发展循环经济，建设化工及精细化工园区	A、C
甘肃稀土	通过进一步开发新产品，延长产业链，提高经济效益和环境效益；通过推行清洁生产，减少生产过程中的废弃物排放；通过拓展废弃物综合利用渠道，实现经济和环境的双赢	A、B、C
长通电缆	生产中产生的废铜、铝通过重新回炉熔炼得到循环利用，对于废塑料则可以用做生产电缆用的填充条	C

第五节　产业循环网络在资源型工业区域的适用性

　　白银市企业网络中的个体以资源型工业企业为主，虽然相对数目较少，但却代表了多种产业类型，在区域工业系统中地位显著。企业间联系较为密切，主要表现为最终产品之间的联系，企业之间副产品或废弃物联系很少。多数企业直接从自然界或区外获取资源，生产的产品用做区内外企业生产所需的原材料。这一区域工业系统的特征从两个方面决定了区域工业系统内废弃物的可循环性较差。

　　第一，由于企业生产的多是初级产品，生产的原料以矿物资源为主，因而，企业生产过程中排放的废弃物中可循环利用的物质含量往往偏低，因此，在一定的时期内，由于规模不经济和技术限制，从而导致工业系统内废弃物的可循环性较差。

　　第二，企业多属于资源型企业，各个企业又隶属于不同的行业类型，生产所用的资源差别显著,生产过程中产生废弃物也差别显著,一般一个行业的废弃物很难在另一个行业内得到循环。即使一个行业伴生有使用价值较高的副产品,也会因为技术、经济的原因,以在原行业内收集、加工、利用为宜。

因此,在白银市这样的资源型工业区域内,难以形成传统意义上的产业循环网络。

第六节 对本书中提出的假设的检验

在本书的第二章和第三章,我们提出了两个基本假设:

假设一,可以在传统的企业间的经济网络基础上构建有利于可持续发展的环境管理网络。

假设二,环境管理网络的主要形式——产业循环网络能够适用于资源型工业区域,并成为产业生态学原理在区域层面实践的有效途径。

基于第四章至第六章的实证分析,我们有理由拒绝假设二,但没有充分的理由拒绝假设一。

我们之所以在本研究中拒绝假设二,是因为资源型工业区域的企业特征和资源禀赋决定的。这些企业大多数是使用或利用非可再生的自然资源作为生产原料,生产被其他企业用做生产原料的初级产品;这些企业有明显的资源导向性;这些企业大多是大型企业,它们的建立在很大程度上是政治上的考虑,而非经济上的驱动。以上因素在一定程度上决定了各个企业之间废弃物或副产品的联系,甚至产品的联系较弱。要在资源性工业区域实践产业生态学原理,促进区域长期的可持续发展,必须依据企业特征和资源禀赋的特色,创新产业生态学的实践途径。

目前,白银市重点企业的数目较少,相互之间在副产品或废弃物方面的联系也较少。但是,随着白银市经济的逐渐转型,以及加工型企业类型和数目的增加,在副产品或废弃物方面能够发生联系的企业肯定会逐渐增加。因此,第三章中关于产业循环网络的制度经济学描述对我们仍然有重要的启示。

例如，在白银市环境管理网络发展的初期，应首先对白银有色、靖远煤业、靖远发电、甘肃稀土、聚银化工等核心企业实行直接的补贴政策；在环境管理网络发展的中期，采取两种补贴模式相结合的补贴政策；到环境管理网络发展的后期，重点采用第二种补贴模式（相关概念请参考第三章第二节）。

本章小结

研究产业循环网络的区域适用性对于理解和缩小产业生态学的理论和实践之间的鸿沟具有重要的意义。白银市的资源禀赋、企业特征、企业网络特征、各企业对废弃物回收利用的预期及各企业对循环经济发展的设想等，综合表明，至少在一定的时期内，产业循环网络难以适用于白银市这类资源型工业区域，即拒绝了假设二。但所有这些都不能拒绝假设一，因此，在传统的企业网络的基础上构建有利于可持续发展的环境管理网络，可能成为在资源型工业区域实践产业生态学原理，促进区域可持续发展的一般途径。

第七章 在资源型工业区域实践产业
生态学原理的基本途径

本章将在以前各章分析的基础上，重点探讨如何在资源型工业区域创新实践产业生态学的基本原理。因此，本章首先讨论在资源型工业区域创新实践产业生态学原理的一般途径；接下来，给出在资源型工业区域实践产业生态学原理的基本原则；在此基础上，确定产业生态学原理在资源型工业区域——白银市实践的基本途径。

第一节 在资源型工业区域创新实践产业
生态学原理的一般途径

一、资源型工业区域的企业网络和企业环境管理特征对实践产业生态学原理的启示

从第四章的分析我们已经知道，白银市企业网络在副产品或废弃物方面的联系还很薄弱（参见第四章第五节）。通过企业调查，我们得到了白银市重点企业废弃物回收利用现状以及各企业对废弃物回收利用的预期（见表6-1），结果显示，绝大部分已回收利用的废弃物的回收主体是本企业，企业间存在的合作环境管理还很少。从各个企业的认识来看，未来很少存在可以利用它的废弃物的其他企业，即使有，也是区内的企业。另外，一个更为现实的情况是，在白银市，往往一个企业代表一个行业，企业以公司集团的形式运作。

以上事实对我们在资源型工业区域创新实践产业生态学原理具有重要的启示。具体来说，主要有以下两个方面：

第一，环境保护远超出废弃物循环的范畴。废弃物循环说到底仍然是一种末端治理方式，它并不是从源头避免和减少生产过程的环境影响。与之相对，清洁生产（旨在改进生产过程来降低污染排放），或者面向环境的设计（这种面向产品的方法，旨在保持产品功能的同时去物质化），这些方法更加有利于环境保护。白银市是典型的资源型城市，各类产业都是为其他行业或地区提供原材料，生产过程中产生的废弃物短期内一般很难回收利用。因此，在白银市实践产业生态学原理的时候要跳出废弃物循环的范畴，寻求更加适合白银区域背景的实践途径。

第二，可持续发展远超过环境保护的范畴。如前所述，可持续发展指的是"在满足当代人需要的同时不损害后代人满足他们需要的能力"（参见第一章第一节），其他更为精确的定义，例如，"三重底线"（见图7-1）表明，可持续发展包括经济繁荣、环境优良、社会公正三个方面，将可持续发展等同于环境保护显然是不全面的。我们实践产业生态学原理的目的是促进白银市区域可持续发展，所以，我们所确定的基本途径不仅要包括环境方面的内容，而且还要包括经济和社会发展方面的内容。

二、在资源型工业区域实践产业生态学原理的一般途径：构建环境管理网络

在第六章中，我们对本书提出的两个假设做了检验，并且拒绝了第二个假设，接受了第一个假设。仿照自然生态系统的复杂性，我们认为，构建环境管理网络不失为在资源型工业区域实践产业生态学原理的一般途径。但是，鉴于资源型工业区域的区域经济和资源禀赋的特殊性，这里的环境管理网络在一定时期内主要是指企业层次的垂直环境管理网络和区域或全球层次的侧向环境管理网络，而几乎不包括企业之间的循环网络。但是，从长期来看，随着白银市工业部门和产业结构的不断升级和完善，企业之间的产业循环网络也应当成为在白银市实践产业生态学原理的途径之一，然而，那时的白银市已不再是今天我们所研究的典型的资源型工业区域。

社会
可持续发展

企业
可持续发展

三重底线
(社会、经济和环境表现)

公司社会责任

运行和管理

1.人权
2.环境保护
3.员工权利
4.社区参与或志愿精神
5.供应商关系或少数族裔的采购
6.公共慈善事业
7.公司报告和透明度
8.防止腐败
9.采用原则和规范
10.教育消费者
11.产品和服务的监督
12.高层管理人员的薪金（公司内部公平性）

传统经济管理

实施产业生态学
(面向环境的设计、翻新与再循环)、生命周期评价方法，综合病虫害管理，资源可持续管理

三重底线要求企业不仅从经济表现方面，而且从环境和社会的角度衡量企业的效益。这样就形成了一种氛围：符合产业生态学的行为将会被越来越多的企业所采纳。

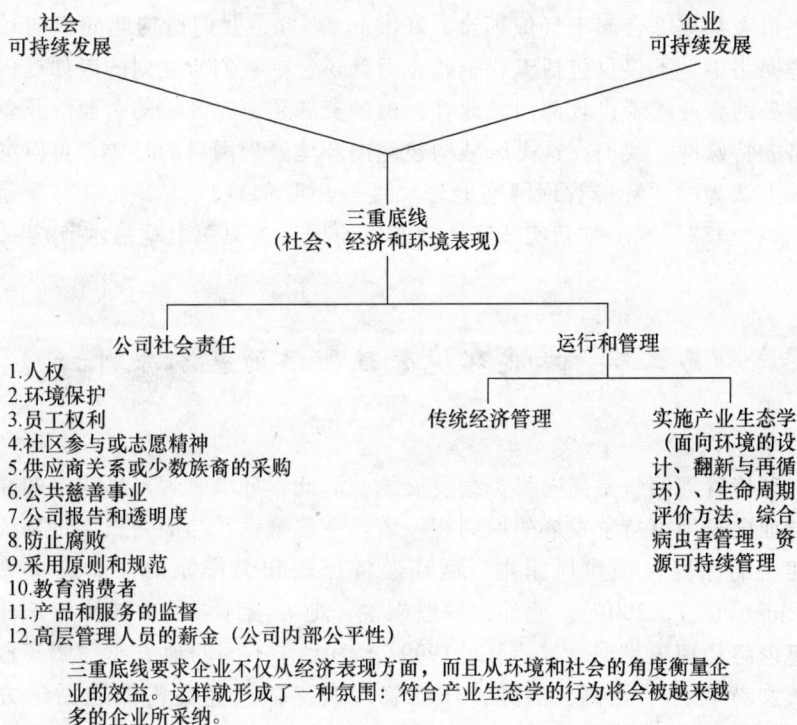

图 7 - 1　三重底线

资料来源：格雷德尔和艾伦比，2002 年，第 236 页。

（一）企业层次的垂直环境管理网络

在白银市，往往一个企业代表一个行业，企业以公司集团的形式运作，这给我们构建垂直环境管理网络提出了挑战。我们构建的垂直环境管理网络往往是在一个企业的名下，这与环境管理网络的概念及构建的原则并不矛盾。因为，在一个企业内部，存在不同科层、部门之间的合作。

（二）区域或全球层次的侧向环境管理网络

可持续发展需要所有社会主体的参与。也就是说，可持续发展不仅仅局限于工业部门的参与。当然，从组织内的环境管理到组织间的环境管理网络是关键的一步，但接下来，需要的就是从环境管理网络到所谓的可持续性网络（波斯奇，2004）。在可持续性网络中，与可持续发展相关的所

有当事者都被综合起来（波斯奇，2003）。因此，我们所构建的侧向环境管理网络中，不仅仅包括工业企业，而且还包括我们所规划的诸如提供循环服务的企业或者市政部门。此外，由于资源型工业区域的企业以及企业网络的特殊性，我们在这类区域构建侧向环境管理网络的时候，可以突破传统上认为的"环境管理网络地理尺度较小"的观点（参见第二章第二节），在全球层次上创新实践产业生态学原理（参见第七章第六节）。

第二节　构建环境管理网络的基本原则

环境管理网络是面向可持续发展的，因此，环境管理网络构建的原则应与面向长期可持续发展的原则相一致。一般来说，与面向长期可持续发展相关的原则包括责任原则、循环经济原则和合作原则［菲克特等人（Fichter etc.），2004］。此外，一般来说，地方或区域层次被认为是环境管理网络的理想尺度（卡卢扎，1999），显然，不同的地方或区域其自然和人文背景大不相同，因此，环境管理网络的构建还需要遵循地方化原则。

一、责任原则

责任原则在环境管理网络的构建中非常关键，因为对企业来说，没有限定的责任，企业就不会去解决与环境相关的问题［贝尔曼（Bellmann），2000］。其实，在环境管理领域，"责任"（Responsibility）并不是一个什么新鲜的概念，但是，随着可持续发展理念的深入，"责任"的内涵发生了显著的变化。在环境管理的思想与方法发展的第二个阶段，对于企业来说，责任一般是指经济责任（Financial Responsibility），即污染者付费原则。但是，在将该原则付诸实践时遇到很多的困难，这是因为，由废弃物的产生和处置导致的污染不能总是归咎于"污染者"。于是，到了环境管理的思想与方法发展的第三个阶段，开始出现了"分担的责任"、"生产者责任"、"延伸的生产者责任"（贝尔曼，2000）和"公司社会责任"

（波斯奇，2005）等一系列概念。

"分担的责任"，是指所有的或部分社会主体或消费者有责任处理使用过的废弃产品（贝尔曼，2000；普鲁默，2004）。从技术上来讲，生产者经常是处理废弃商品的最佳角色，但使用者不能完全被排除在外，他们必须承担部分回收和处理成本。"生产者责任"则是指生产者承担废弃物管理的所有责任。"延伸的生产者责任"是指生产者把产品在整个生命周期中的环境成本内部化，它要求生产者在原有责任（如生产安全、生产过程中的废弃物管理等）的基础上，进一步承担产品在使用结束后的责任。这种战略有利于促使生产者降低产品整个生命周期的环境影响，发展面向循环的产品设计。近年来，诸如经济的全球化、信息技术的深刻革命以及金融欺诈和市场崩溃等，都引出了这样的思想，即企业应当承担更多的社会责任。企业的社会责任一般包括贯穿产品生命周期的社会责任、人力资源管理和企业的社区责任三个方面的议题（波斯奇，2005）。

现在更多的声音是要求企业在产品的整个生命周期的各个阶段和一定的地理区域范围将环境责任和社会责任相结合［科霍伦和斯特罗恩（Strachan），2004；科霍伦，2002］。这两方面的责任与企业的经济目标一起构成了企业面向可持续发展的"三重底线"（见图7-1），符合"三重底线"的企业能有效地促进环境管理网络的构建和运行，并最终促进区域可持续发展。

二、循环经济原则

有关循环经济的概念已经在第一章做了详细的讨论，这里不再赘述。需要强调的是，循环经济原则要求构建的环境管理网络能有效实现资源的减量化、再利用和再循环。

三、合作原则

在第二章中，我们已经指出，合作和对可持续发展的共同憧憬是环境管理网络的核心（参见第二章第二节）。"合作"体现了产业生态学的系统方法与传统的环境管理方法（参见第五章第一节）的不同。一个企业单独的环境管理系统目标于减少资源利用和废弃物及污染的排放，但在一个产业生态系统中，一个参与者也许会被"要求"生产废弃物。这是因为，别的参与者可以用这个参与者的废弃物流作为燃料或原材料，从而替代不可更新的原始资源，从整体上提升产业系统的环境表现（科霍伦，2004）。从这种意义上来说，环境管理网络中的合作对于可持续发展意义重大。

四、地方化原则

对于环境管理网络来说，地方化原则包含两方面的含义：一方面是指空间范围，另一方面是指区域背景。一般来说，环境管理网络的空间范围应当集中在距离较短的地方系统中，关于这一点已经在之前（参见第二章第二节）做了说明，这里不再赘述。同时，环境管理网络应当与地方背景相结合。一个地方的自然背景和人文背景是区域产业系统发展的基础，任何一类脱离了地方背景的企业网络都很难在市场中获得持久的竞争力（沃尔纳，1999）。

第三节 构建环境管理网络的方法与过程

目前，对于一个区域产业系统来说，完整的环境管理网络还不存在，因此，环境管理网络往往属于未来憧憬。就现在被广泛报道的卡伦堡产业共生来说，其实现机制是企业之间的信任与主动合作，完全出于经济动机，即参与者从中获益。与之相对的是美国生态产业园的实践，很多由政府发起的生态产业园本身并不成功（吉布斯，2005）。因此，笔者主张，在构建环境管理网络时宜采用展望未来的方法（米切尔，2002），而不宜采用行政命令的方法（波斯奇，2004）。

展望未来的方法，一般包括预测（Forecasting）和回推（Backcasting）及斯图尔特（1993）提出的未来状态憧憬（Future State Visioning, FSV）等方法。预测的焦点是未来的可能状态，在预测时，一个合理的问题就是，这个焦点能否适应环境和资源管理的要求；回推的焦点在于确认可取的和可行的未来。因此，致力于两条并行的轨道（预测和回推）看起来是符合逻辑的。人们应该明确我们希望发生的未来是什么样。另一个重要问题是，要从现在的状况做出判断，估计现在的趋势和模式是否有可能导致一个可取的未来（米切尔，2002）。

未来状态憧憬的方法关键是关注我们能够是什么样子，而不是通过对现状的分析去规划未来。如图 7-2 所示，FSV 过程中包括以下步骤（米切尔，2002）：

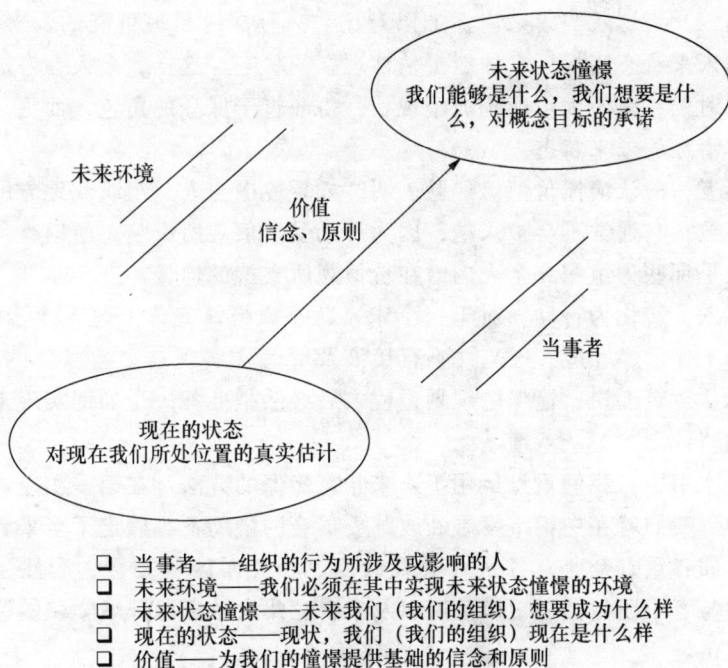

- ❑ 当事者——组织的行为所涉及或影响的人
- ❑ 未来环境——我们必须在其中实现未来状态憧憬的环境
- ❑ 未来状态憧憬——未来我们（我们的组织）想要成为什么样
- ❑ 现在的状态——现状，我们（我们的组织）现在是什么样
- ❑ 价值——为我们的憧憬提供基础的信念和原则

图 7-2 未来状态憧憬过程

资料来源：斯图尔特，1993 年，第 92 页，转引自米切尔，2002 年，第 96 页。

第一，当事者和参与者。首先要界定所有的当事者，以便于通过他们的眼睛来审视未来和现实状况。在未来状态憧憬过程中，这是关键的一步。如果当事者从一开始就参与进来，那么无论结果是什么，他们都更愿意承诺。

第二，可能的未来环境。斯图尔特强烈建议第二步应该是对未来憧憬赖以实现的未来环境做出评估。他认为，过早将注意力集中到现在状况，很可能会纠缠于现今的种种问题和障碍之中，并使接下来的过程充满不和与抱怨。相反，当参与者想着去创造一个令人鼓舞的未来时，这往往会使他们在以后描述现实状况时更为开放，而不是保守。

第三，创造未来状态憧憬。在这个阶段，重点在于形成一个不受现在发展障碍影响的综合憧憬。

第四，将现状与未来憧憬加以对比。只有探讨了最可能的未来环境，建立起未来状态憧憬后，才能去估计现在的状态。这样，个人在考虑现在状态的时候，就不大可能拘泥于现状，扮演过于保守的角色，而更有可能去理解潜在的未来状态。

第五，确认憧憬价值。经验表明，如果憧憬与人、组织和地方的价值观不一致，它通常不会被采纳，因为行动受价值观所影响。所以，最成功的憧憬是那些为组织和个人的潜在价值观所支持的憧憬。

第六，转化为行动。对于一个未来状态憧憬，完成上述 5 个步骤后，大部分工作已经完成。FSV 并不直接涉及"怎样实现这个憧憬"的问题。当然，从逻辑上说，憧憬的规划过程之后必然是准备一个如何实现未来状态的战略计划。

在本书中，我们重点运用了未来状态憧憬的方法。在第一次企业调查过程中，我们就在白银市发展和改革委员会的协助下，确定了当事者和参与者，即各重点企业、各区（县）政府、相关园区管委会，当然，当事者和参与者中还包括白银市政府以及来自兰州大学资源环境学院的课题组研究人员。

在面对面的调研过程中，各企业和园区都对当前的发展现状以及未来的发展规划做了汇报。这个过程反映出各个当事者和参与者对未来环境的一个普遍的共识，即发展循环经济、建设节约型社会。在对未来环境认识的基础上，各个企业在其汇报材料中均对未来循环经济发展的前景做了一定的描绘。

在面对面的调研结束后，我们给各个企业发放了《白银市循环经济

发展规划企业调查表》（见附录1），重点要求企业反映自身的生产及环境
管理现状和近期生产和投资发展规划。

在这之后，我们结合各个企业汇报的材料和反馈回来的问卷，基于产
业生态学和循环经济以及管理学的理论，综合设计了白银市的循环经济发
展以及环境管理网络憧憬。

在第二次企业调查中，我们重点调查了企业间联系以及企业对循环经
济的认识，旨在比较环境管理的憧憬与现状，为制定保障憧憬的实现需要
的政策和措施提供依据。

在上述步骤完成之后，就需要将憧憬转化为行动。我们将各参与者和
当事者提供的相关规划建设项目作为实现环境管理网络憧憬的战略计划。

至于憧憬的价值，理论意义上的规范研究已经在第二章中做了描述。
本章中，作者在描述环境管理网络憧憬及相关项目时，只对其价值做了简
要的论述①。

在接下来的内容中，我们将重点描述环境管理网络构建的结果，亦即
在资源型工业区域实践产业生态学原理的基本途径。

第四节　途径之一：行业内部的垂直环境管理网络

一、有色金属行业环境管理网络

白银公司是我国"一五"期间建设的大型铜硫联合企业，先后被国
家列入"一五"和"七五"、"八五"重点建设项目。以白银公司为代表

---

① 根据《白银市循环经济发展规划》，我们还从经济、生态和社会三个方面对白银市循环
经济发展未来憧憬的价值做了综合评价。由于本书是基于"白银市循环经济发展规划"进行的，
目的在于研究产业生态学领域的"网络化"能否应用于诸如白银市这类资源型工业区域，以及
如何在资源型工业区域实践产业生态学（或循环经济）的基本原理，因此，基本上没有对环境
管理网络的价值做详细的预测性的实证研究。

的白银市有色金属行业在白银市区域经济、社会、环境等各方面都意义重大（参见第四章和第五章），其对环境管理网络的憧憬如下：

以资源综合利用为主线，通过尾矿坝回采、选矿处理炉渣、综合利用废弃物和副产品、应用新技术提升冶炼工艺等手段，达到增加经济效益、减少资源及环境风险的目的。

为了保障环境管理网络憧憬转化为现实，白银公司规划了 6 个重点项目，这 6 个重点项目是一个有机的整体，共同体现了白银市有色金属行业的垂直环境管理网络憧憬（见图 7-3），以下分别加以论述：

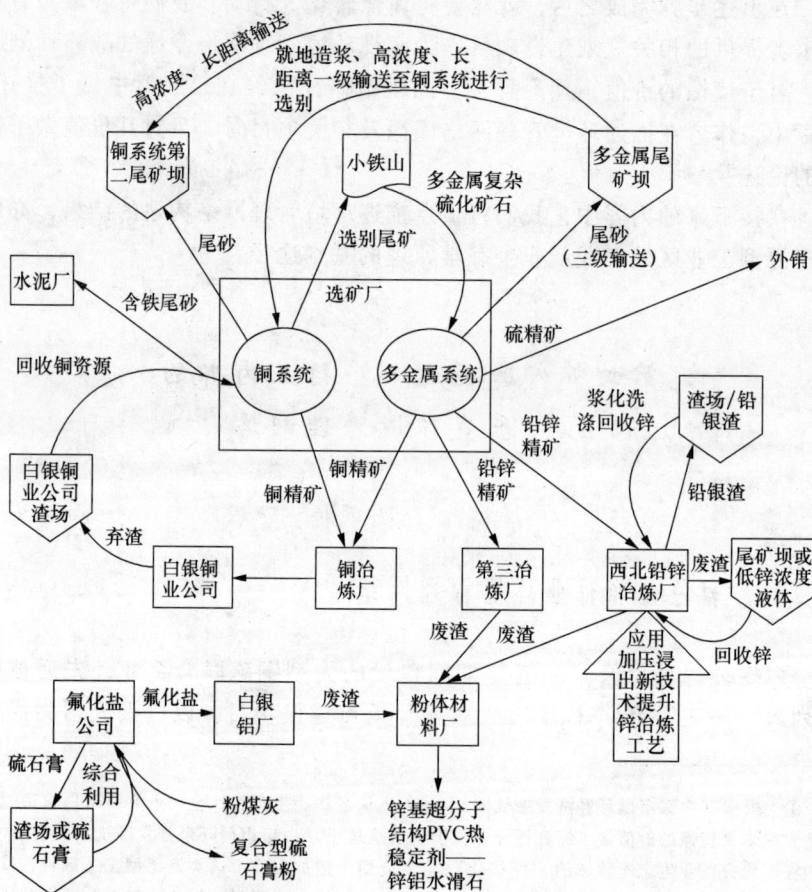

图 7-3　由重点项目体现的白银市有色金属行业环境管理网络憧憬

1. 白银天诚有色选矿有限责任公司多金属尾矿坝回采工程

白银天诚选矿有限责任公司隶属于白银有色（集团）公司，其前身为白银公司选矿厂，2004 年重组为天诚有色选矿有限责任公司。该公司有铜系统和多金属系统两条生产线。多金属系统处理小铁山多金属复杂硫化矿石，产出铜精矿、铅锌精矿、硫精矿等，铜、铅锌精矿经脱水后分别送往铜冶炼厂、第三冶炼厂，硫精矿外销。尾砂三级输送贮存于多金属尾矿库。

由于历史原因，该坝设计为亚黏土衬底不透水型坝，早在 1988 年就已被定性为国内 10 大危损尾矿坝。考虑到该尾矿坝的使用寿命及先天性设计缺陷，白银公司将尾矿坝的治理方案修改为：多金属系统产出的尾矿将采用高浓度、长距离输送到铜系统第二尾矿库，多金属尾矿坝将不再作为尾矿场地使用。该方案得到国土资源部专项治理资金资助，已于 2005 年年底完成。

2006 年以后，多金属尾矿坝贮存尾矿的功能已丧失，但是，尾矿坝作为一个重大的污染源，对周边环境的污染将会长期存在，仍需要大量的资金进行长期维护，并且尾矿中富含绢云母、黄铁矿等有用矿物及铜、铅、锌、金、银等多种有价元素，非常具有综合利用的价值。

本项目拟将多金属尾矿就地造浆，高浓度、长距离一级输送至铜系统进行选别，精矿与铜系统精矿合并处理，选别尾矿供小铁山填充使用。

该项目采用成熟的选矿技术，先对黄铁矿进行回收，待条件成熟时再对尾矿中绢云母等其他有用矿物进行综合回收，远景效益非常显著。

进行尾矿坝回采，具有重要的环境、经济及社会效益：

其一，天诚公司因两系统（铜系统和多金属系统）资源危机，生产经营十分被动，进行尾矿坝回采可在短时间内缓解上述紧张的局面，每年可减少尾矿坝维修费用近 50 多万元。

其二，进行尾矿坝回采可根治危损坝造成的对地质环境和自然生态环境的破坏，消除污染源及安全隐患，从而确保矿区职工、黄河白银段及下游人民群众的生命财产安全，恢复矿山原有的自然环境面貌。

其三，进行尾矿坝回采，一方面可以综合回收其中的有用矿物，实现二次资源的综合利用；另一方面，选别尾矿可供小铁山填充使用，解决矿山充填砂的质量问题，还可以减少尾矿的堆存量，延长铜系统第二尾矿坝的寿命。

2. 选矿处理铜业公司炉渣工程

白银铜业公司渣场现储存弃渣约 600 万吨，渣中蕴含铜、铁、金、银等有价金属元素。其中铜品位 0.6% ~0.8%，总计铜金属含量 4 万余吨，储量非常丰富。但是，由于品位低，一直未被利用。

天诚公司设想采用现有的成熟选别技术对铜业公司弃渣进行选矿处理，不仅回收其中铜资源，产出合格的铜精矿，并且选别后的尾矿由于细度和含铁品位可满足水泥等行业需求进行出售。

冶炼炉渣通过选别处理将成为再生资源，可以为天诚公司铜系统生产线提供充足的资源，为公司今后的长足发展奠定坚实的基础。而且铜金属价格持续高价位攀升，同时炉渣选别后的含铁尾砂可作为水泥厂添加剂就近出售，待条件成熟时还可以对其中的金、银等矿物进行回收，因此，经济效益显著。

项目的实施可有效弥补公司铜系统生产能力不足的现状，解决企业富余人员的就业问题，再生资源的重新利用也是白银市摆脱"矿竭城衰"被动局面，实现可持续发展的重要举措。

选矿处理炉渣，可以减轻铜业公司渣场负荷，有利于渣场自然环境的恢复，节约渣场管理费用；生产过程不增加环境负荷，产出精矿、尾矿因均有利用价值，无需堆放场地，近乎"零"排放。该项目是一项资源化、减量化、无害化的循环经济项目。

3. 银铅渣及低浓度含锌液体的综合利用

西北铅锌冶炼厂锌冶炼系统 1992 年投产以来，浸出工序产出的铅银渣长期堆放渣场，总计已有 30 万吨以上，不仅造成资源的浪费，不利于有价金属的回收，而且造成环境的污染。尾矿坝现存低锌浓度液体 10 万立方米，而且每天增加 300 立方米左右，含锌约 25 克/升。银铅渣及低锌浓度液体综合利用的技术路线为：对铅锌渣进行浆化洗涤—洗涤液体及低锌浓度液体经萃取富集—返回现有流程回收锌—浆化洗涤渣经浮选处理后回收其他有价金属。

本项目由于是综合利用废渣、废水，原料不计价，只需计工厂加工成本，扣除加工成本后，每吨锌获利以 5000 元计价，铅以 3000 元计价，银以 100 万元计价，每年可为企业多增加经济效益 3750 万元以上，经济效益相当可观。

该项目实施后,每年可减少铅银渣堆放量近 4 万吨,增加废水利用量 16 万立方米,解决了环境污染问题,还可综合提取回收贵金属。

4. 应用加压浸出新技术提升锌冶炼工艺

该项目工业化规模与西北铅锌冶炼厂现有流程相配套,使现有 10 万吨生产能力扩大到 20 万吨的能力。

实施的技术路线:流程改造后,取消现有铁矾除铁系统,将一段热酸浸出液直接送入加压釜浸出高铁锌精矿—加压浸出后浓密液固分离—浓密机溢流并入中性浸出工序—加压浸出渣浮选回收元素硫—提出硫后的渣提取银—中性浸出液经净化、电解生产电锌。

改造后的流程,不但取消了繁杂的铁矾除铁工序,大大提高了锌的回收率,消除了铁矾渣对环境造成的污染,而且使系统扩产 10 万吨后,硫酸产量保持不变,减少了大量生产硫酸造成的销售压力,达到了除铁、扩产、环保、经济、提高流程技术的多重目的。

该技术与现有湿法炼锌厂的流程相结合,具有诸多优点。不但可以提高锌的回收率,提高矿产资源的利用率,每年还减少铁矾渣堆放近 4 万吨;由于没有焙烧工序,可减少二氧化硫对大气的污染;还可综合回收如稀有金属镓、锗、铟、贵金属、元素硫甚至铁。

5. 锌基超分子结构 PVC 热稳定剂——锌铝水滑石

白银红鹭粉体材料有限公司坐落于中国科学院白银高新技术产业园,是白银市国家级新材料产业化基地的重点企业之一。该公司于 2002 年 8 月建成,与北京化工大学共同承担了国家"863"计划新材料的研发,现已具备锌铝水滑石产业化技术条件。

本项目属新材料领域精细化工材料类的超细功能材料——锌基超分子材料。以锌、铝冶炼过程产生的废渣为主要原料,生产锌基超分子结构 PVC 热稳定剂,工艺上采用旋转液膜成核反应器快速成核技术;先进的旋流干燥技术提高干燥效率,节能无污,实现了清洁生产。技术和产品均为国内首创,产品性能达到了国外同类产品的先进水平。

目前,广泛使用的电线、电缆及其他 PVC 制品均由 PVC 树脂加工而成,新型 PVC 无毒热稳定剂将会逐步取代目前使用的含铅、含锡等一系列有毒有害的添加剂,达到无害化的目的。

锌基超分子插层结构无机功能材料具有极高的产业关联度,其应用涉及电器、环保、建筑、农业、化工等诸多下游产业,依托西部资源建设大规模生产基地,可为西部开发和建设提供种类繁多的优质功能材料,这对于形成以锌、铝、镁资源为龙头的产业链、保证西部开发的良性发展必然具有积极的促进作用。

6. 年产 20 万吨硫石膏粉综合利用项目

白银氟化盐有限责任公司是以原白银公司氟化盐厂为主体改组而成的股份制企业,是我国两大氟化盐生产厂家之一,主要生产电解铝工业所需的熔剂冰晶石、氟化铝、氟化钠、氟化镁、氟硅酸钠等氟系列产品,工业副产品为硫石膏。

硫石膏,又称氟石膏,因其含有一定量的硫、氟成分而得名。该副产品市场需求极低,只在水泥生产中少量使用,余下的只能露天堆放,不但占用土地,还污染环境。白银氟化盐有限责任公司在 30 多年的生产中已累计伴生硫石膏 600 余万吨。近年来,随着企业的发展,生产规模不断扩大,硫石膏排放也不断增加,年排放 15 万吨左右,对土地、环境的压力进一步加剧。因此,硫石膏综合开发利用已迫在眉睫。

2002 年 11 月 28 日,白银氟化盐有限责任公司与北京化工大学就硫石膏综合开发利用签订了《技术开发合同书》,委托北京化工大学就硫石膏的开发利用进行研究。北京化工大学积极进行了利用硫石膏、粉煤灰及专有添加剂合成工业与民用建筑和道路建设的复合混凝土、井下填充胶接材的技术研发工作,开发出复合型硫石膏粉,可完全或部分替代水泥和石灰,已具备了工业生产的技术条件。

复合型硫石膏粉,可广泛用于工业与民用建筑和道路建设的复合混凝土、井下填充的胶接材,是一种新型材料。随着西部大开发工作的不断深入,西部的基础设施建设快速发展,再加上西部矿产资源丰富,矿坑、矿井众多,为复合型硫石膏粉提供了广阔的市场空间。该公司将立足于西部,面向全国,积极推广复合型氟石膏粉对水泥、石灰的替代作用,培育、开发复合型氟石膏粉的销售市场,拓展销售空间。

硫石膏粉综合利用项目,在对硫石膏开发利用的同时,还大量采用另一种工业废弃物——粉煤灰,让它变废为宝,可减少土地占用,治理环境污染,并且可安排 80 多人就业,具有良好的社会及环境效益。

二、化工行业环境管理网络

白银市是甘肃省重要的化工基地，拥有银光化工集团这样的大型化工生产企业，其旗下的甘肃银光聚银化工有限公司生产的甲苯二异氰酸酯产品质量已达到国际先进水平，是生产聚氨酯泡沫、高级涂料、弹性体产品的主要制造原料。2004年，甲苯二异氰酸酯产品产量达到2.2万吨，实现产值3.8亿元。

化学工业由于其生产过程的特殊性——高度的闭合性，如果对生产过程进行有效的设计和管理，其循环程度就相对较高，产生的污染物相对较少。以甘肃银光聚银化工有限公司为代表的白银化工行业，对未来环境管理网络的憧憬如下：

依托中国科学院白银高新技术产业园5万吨甲苯二异氰酸酯、2.5万吨无水氢氟酸等项目，配套发展民爆系列、硝化系列、氢化系列、光化系列、氟系列等化工及精细化工产品，延伸壮大产业链，发展循环经济，建设化工及精细化工园区①。

为了实现这样的憧憬，企业根据市场需要及产业发展规划，将逐步实施以下项目：

（1）2005年，形成年产5万吨甲苯二异氰酸酯生产能力，并完成"年产5万吨甲苯二异氰酸酯工艺软件包开发"项目，形成具有自主知识产权的甲苯二异氰酸酯生产技术。

（2）同甘肃稀土集团有限公司合作建设一条年产10万吨的氯碱生产线，解决甲苯二异氰酸酯发展所需氢气和氯气的问题。

（3）对现有两条甲苯二异氰酸酯生产线交替进行技术改造，使其生产能力达到15万吨规模。

---

① 2005年9月，银光公司在反馈的企业调查（I）问卷中，曾为我们提供了一张循环经济发展设想图，由图体现出：生产过程具有很高的封闭性，各种产品系列之间联系紧密，一个系列的副产品成为另一个系列的投入品。这里所列的化工行业的环境管理网络憧憬和为保障憧憬实现所需的项目，主要来自那幅图和调查问卷中的其他内容。由于图中的内容近乎是一份化工生产示意图，所以，作者在这里没有列出那幅图，有兴趣的读者可以参考《白银市循环经济发展规划》（2005年12月）。

（4）以甲苯二异氰酸酯生产的 8 万吨/年副产品氯化氢为原料，利用白银市及周边地区丰富的电石资源，建设一条 20 万吨/年 PVC 生产线。

（5）将年产 10 万吨的氯碱生产线扩大到 20 万吨。

（6）建设一条 5 万吨的（六亚甲基二异氰酸酯 HDI）生产线。

（7）合作建设一条年产 5 万吨（聚碳酸酯 PC）生产线。

（8）依托 20 万吨甲苯二异氰酸酯产业基地，开发高技术含量、高附加值的异氰酸酯和相近产品、一氧化碳（CO）系列产品、叠氮类系列产品。

三、稀土材料行业环境管理网络

白银氯化稀土产能近 3 万吨，居亚洲之首。以甘肃稀土集团有限责任公司为代表的稀土材料行业的环境管理网络憧憬如下：通过产业互补关系，在白银地区形成紧密的产业链条——通过推行清洁生产，减少生产过程中的废弃物排放——通过拓展废弃物综合利用渠道，实现经济和环境的双赢。

为了实现上述憧憬，企业将逐步实施以下项目：

（1）焙烧废气回收利用项目。本项目采用中国有色设计研究总院的先进技术，对稀土精矿进行分段焙烧，分段回收尾气。在低温段主要回收氢氟酸，高温段主要回收硫酸。通过粗馏、精馏制取所需纯度的产品。项目建设的内容包括尾气吸收系统、蒸馏制酸系统和尾气净化排放系统。

（2）废水综合治理回收利用项目。随着公司生产规模的逐年扩张和稀土产业链的不断延伸，公司生产废水将随之大量产生。在实现清污分离的基础上，形成回水闭路循环、重复利用；对废水分类进行预处理，对不同的废水在生产环节中按照不同的生产要求加以循环利用；污水通过利用回收池提取其中的氨、氮等有价元素，生产氯化铵，并进行深加工生产农用硫酸铵和盐酸；无法再利用的废水经过集中处，使之达到废水排放标准后排放。

（3）与甘肃银光化学工业集团合作实施 10 万吨离子膜制碱生产线技术改造项目。银光公司甲苯二异氰酸酯产量按 5 万吨/年计算，需用液氯 42500 吨/年，烧碱 1 万吨/年。甘肃稀土公司拟与银光化学工业共同出资实施此项目以尽快形成上游企业之间的产业联系。

（4）出资参股靖远煤业有限公司兴建火电厂。甘肃稀土公司是一个高耗能企业，电耗占烧碱厂、金属公司总成本的 65% 左右，建立充足、稳定的能源保障，是做强做大稀土金属、烧碱产业的重要条件。

四、煤炭行业环境管理网络

以靖远煤业有限责任公司为代表的白银市煤炭行业，对环境管理网络的憧憬如下（见图 7-4）：

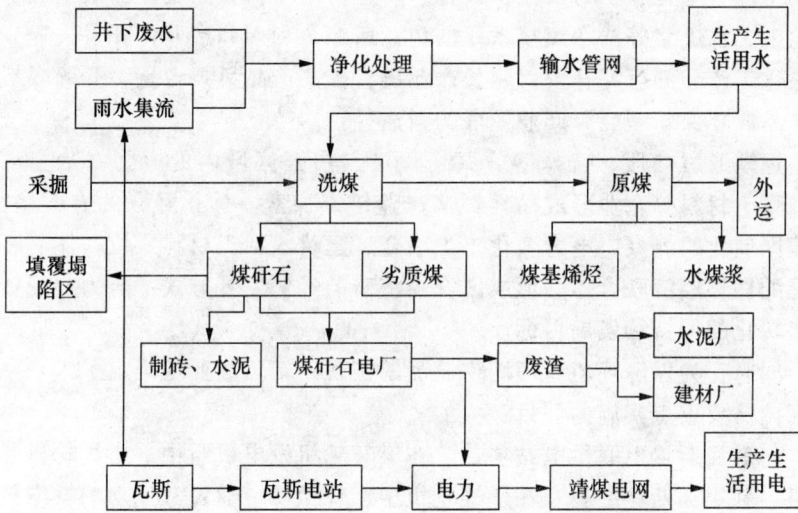

图 7-4 白银市煤炭行业垂直环境管理网络憧憬

资料来源：企业调查（I），2005 年。

（1）充分利用魏家地矿瓦斯气进行热电联供电站开发建设，以消除对大气环境的影响及对臭氧层的破坏。

（2）实现靖远矿区废污水回用和雨水集流综合利用，消除井下废水外排污染和增加雨水集流利用生态效益。

（3）利用煤矸石资源发电，延长企业产品链条以降低企业用电成本。

（4）节能降耗。

（5）实施产品结构调整战略，实现资源型产品的深加工，提高产品附加值。

为此，靖远煤业制定了将上述环境管理网络憧憬转化为行动的具体步骤：

　　近期企业煤炭产量达到 1000 万吨以上，发电量达到 33 亿千瓦时以上，新型产业项目初见成效，初步形成煤电化冶一体化发展格局，主营业务收入 30 亿元，实现利税 8 亿元，人均年收入 4 万元，把企业发展成为以煤为主、多业并举、优势互补、协调发展，经济效益、环境效益、生态效益及社会效益高度统一的现代新型能源企业集团。具体步骤是：近期以煤炭生产、基建施工为依托，优化生产经营结构，重点实施煤炭洗选、精煤加工、水煤浆等洁净煤技术，加快瓦斯综合利用和产业化开发进程，加大煤化工产品的研究开发，延长产业链，提高产品科技含量，开辟煤炭初级产品向环保新型能源产业发展的新途径。

　　远期通过参股、合作等方式，积极与白银区域内的电力、冶金、化工、稀土材料等企业形成循环经济产业链，探索一体化经营的有效途径，构建区域化的煤炭、电力、化工、冶金、建材、稀土材料六位一体、互动发展的循环经济联合体，形成区域经济新的经济发展方式，努力实现资源优势转化的可持续发展目标。

　　同时，为保障环境管理网络憧憬的实现，靖远煤业还确定了未来一段时间内需要重点实施的项目：

　　（1）瓦斯热电联供电站项目。在燃气轮机发电机组中，燃气轮机是原动机，利用瓦斯做燃料，在燃气轮机中燃烧做功，通过其拖动的发电机发电。在额定状态下燃气轮机排出的尾气流量约 40 千克/秒，温度为 400℃，通过排气管道引入烟道式余热锅炉，回收大部分热量来产生蒸气。蒸气输送至各矿蒸气管网，从而实现燃气轮机热电联供（见图 7-5）。

　　（2）靖远矿区废污水回用和雨水集流项目。包括以下两部分：

　　其一，矿井废水。矿井废水除可直接用做黄泥灌浆利用的部分外，回用于其他用途的废水的主要障碍是全盐含量和硫酸根离子及硬度过高，特别是全盐含量直接影响到使用设备的安全及绿化农灌水质要求，为此只有在降低废水中含盐量后才能被资源化利用。处理高含盐量水的有蒸馏法、离子交换法、反渗透法、电渗析法、人工或自然中和法。对盐碱地区农灌、绿化及生态用水含盐量要求为 2.0 克/升。而红会矿区人工湖水含盐量为 2.9 克/升，十几年来仍灌溉着大片耐盐碱的杨树、红柳、沙枣、荆条、芨芨草、冰茅等大量林草，且生长良好。因此，采取利用天然或人工

```
瓦斯
  │
  ▼
燃气轮机 ──▶ 电力 ──▶ 靖煤电网 ──▶ 生产生活用电
  │
  ▼
尾气 ──400℃──▶ 烟道式余热锅炉 ──▶ 蒸气 ──▶ 各矿蒸气管网
```

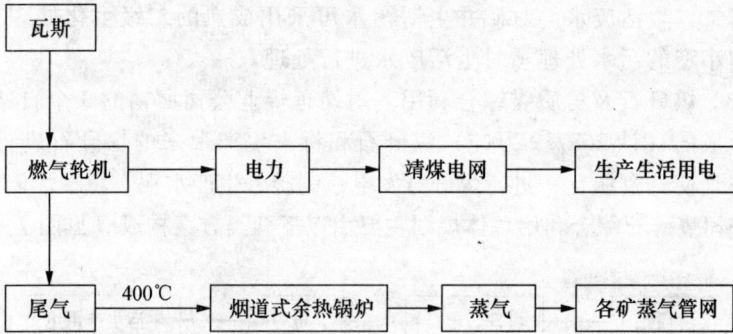

图 7-5 瓦斯热电联供示意图

湖塘收集生活污水和雨洪水与矿井废水汇合后，中和降低有害物质含量的技术工艺是可行的。现矿区已有的 5 个矿井水蓄积的人工湖的水质含盐量在 0.4~2.9 克/升，水质满足了所在矿区的部分生产、绿化及当地农民的灌溉用水需求。而投资仅为 260~300 元/吨水，只要进一步提高矿井水及生活污水的预处理深度、扩大集流雨洪水的能力，采用沉陷盆坑人工湖塘自然净化工艺是可行的。采用现已稳定的沉陷坑盆、山间洼盆地及平原人工开挖建设人工湖塘收集雨水和生活污水用做降盐，提高矿井水水质的技术工艺，并增加一道矿井水入湖前的絮凝沉淀去除悬浮物、油类及挥发酚的预处理工艺，以进一步提高水质，扩大回用水用途范围（见图 7-6）。

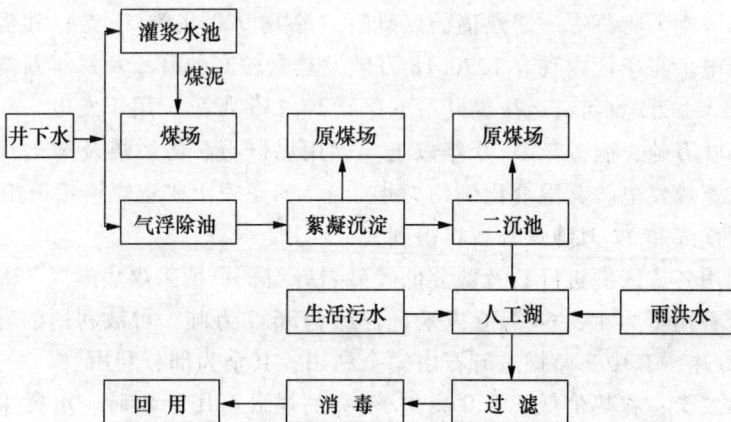

```
              灌浆水池
                │煤泥
                ▼
井下水 ──▶ 煤场      原煤场      原煤场
   │                  ▲            ▲
   ▼                  │            │
气浮除油 ──▶ 絮凝沉淀 ──▶ 二沉池
                                   │
生活污水 ──▶ 人工湖 ◀── 雨洪水
                │
回用 ◀── 消毒 ◀── 过滤
```

图 7-6 矿井废水循环利用示意图

其二，生活废水。对矿井生活污水可采用成熟的二级生化处理方法。各矿建小型的污水处理站对生活废水进行处理。

（3）煤矸石及劣质煤综合利用。对靖远煤业公司所辖的 3 个自然煤田内已形成的（计 2687.9 万吨）煤矸石和将来生产带来的煤矸石进行综合利用规划使其资源化，进行煤矸石发电、制砖、生产水泥、填覆塌陷区等。靖煤公司煤矸石综合利用总体规划主要由以下两类方案构成（见图 7-7）：

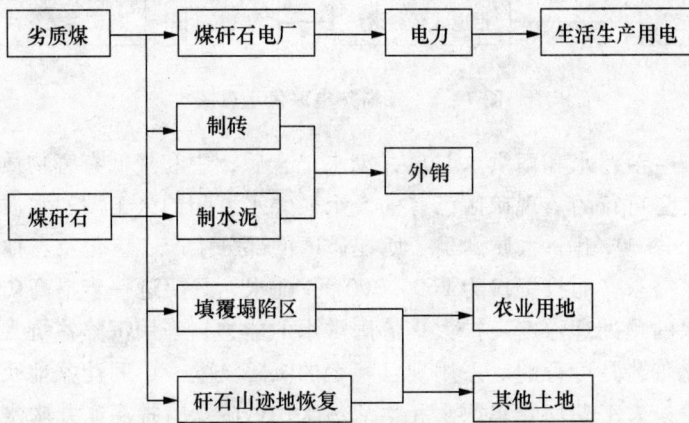

图 7-7 煤矸石综合利用示意图

第一类：将具有一定热值的煤矸石（平均 9.0 兆焦/千克）和劣质煤用于发电。将矿区内现有 1290.18 万吨发热量较高的矸石及每年新增的煤矸石 71.11 万吨/年，运往煤矸石电厂（2×135 兆瓦）用于发电，年消耗矸石 100 万吨，服务年限 30 年以上。燃用煤矸石、劣质煤及靖远煤业王家山矿原煤发电，其混合比例约为 4∶2∶4，使王家山矿选煤厂年选出的 15 万吨劣质煤和 27 万吨煤矸石将得到充分利用。

利用各矿区掘进矸石及部分低碳砂岩矸石，填覆采煤塌陷区 725.2 公顷，矸石用量为 473.64 万立方米，合计 1136.7 万吨，可被利用的矸石山共计 10 座，其中 7 座掘进矸石山完全利用，其余为部分利用。

第二类：将热值低于 5.0 兆焦/千克的煤矸石用于制砖、填覆采煤塌陷区、制造水泥、矸石山迹地恢复等。

　　规划建设一座年产 1000 万块空心砖厂，工艺采用全煤矸石烧制空心砖，年消耗煤矸石 3.3 万吨，煤矸石来自大水头矿 3 号矸石山，储量约为 115 万吨，服务年限 34.8 年。

　　利用大宝矿区矸石，综合利用供应靖远煤业公司水泥厂生产水泥，年消耗矸石 3.6 万吨，矸石来自大水头矿 2 号矸石山，储量约为 124 万吨，服务年限 34.4 年；矸石山迹地恢复：规划治理综合利用 19 座矸石山可腾出占地 68.9 公顷，将其中原为农田的 47.5 公顷归还当地农民耕作，其余荒山沟壑自然恢复植被。

　　（4）靖煤公司能量系统优化改造项目。经过 20 多年的发展，靖煤公司工艺技术和设备已显落后，造成综合能耗偏高、生产安全自动化管理程度偏低。当前国内产煤综合电耗先进水平为 18.23 千瓦时/吨原煤，靖远煤业公司产煤综合电耗 25.42 千瓦时/吨原煤。由于企业是逐步发展扩大的，逐期的局部改造不能从根本上解决企业用能的总格局。煤矿企业既是能源的生产大户，又是耗能大户。随着企业的生产规模进一步扩大，降低能耗、降低成本已成为企业发展的关键问题。企业只有采用全面系统的能源优化改造，才有可能实现全面的节能增效，走上良性发展的道路。能量系统优化采用新技术、新工艺、新设备，将国家已公布淘汰的机电产品予以更换。合理利用能源，降低能耗，遵循开发与节约并举，把节约放在首位的原则，以节能技术改造为突破口，为实现矿井集控管理和现代化生产，提高矿井生产能力，达到高产高效、集约生产奠定坚实的基础。

　　通过对企业能量系统优化改造，可使企业在产煤综合能耗、安全生产等方面达到国内同行业先进水平，实现目标包括：产煤综合电耗 20 千瓦时/吨原煤，节能效率为 21.3%；节电量 4065 万千瓦时/年；节水量 34 万吨/年；提高安全减少设备故障率 26%；生产优化控制提高产能 3.2%；节约成本增加经济效益 3159.8 万元/年。该企业经过能量系统优化改造，既达到全面节能增效的目的，又同时提升企业自动化管理技术水平，加强了安全生产基础，节水节电保安全，使企业实现发展循环经济的目标。

　　（5）靖煤公司煤基烯烃项目。该项目以靖煤公司廉价的坑口原煤做原料建设煤基烯烃项目，实现煤炭就地转化并向高效益、高附加值的煤化工领域拓展，是企业开创轻质烯烃发展的新途径，它将缓解我国石油和石化产品的供需矛盾，为解决中国石油短缺，保证能源安全供应，发展甘肃经济有重大积极作用。该项目年消耗煤炭约 380 万吨，年生产甲醇 180 万吨，进而生产烯烃 60 万吨。

（6）靖煤公司 50 万吨/年水煤浆厂建设项目。洁净煤技术是我国科技攻关中的一个重大项目，水煤浆是洁净煤技术的重要分支，它的生产、贮运过程都是封闭式的，既可减少损失又不污染环境，与煤相比具有燃烧效率高、节能和环境效益好等优点。高浓度水煤浆用管道输送，比常规的管道输煤有很多优越性，到达终端无需脱水即可燃用，而且可长期密闭贮存。靖煤公司 50 万吨/年水煤浆厂建设项目是该公司实施产品产业结构调整、发展循环经济重要项目之一，该项目 2002 年完成项目可行性研究报告，项目总投资 4474.86 万元。项目采用国内成熟、先进可靠的高浓度一次磨矿直接制浆技术，生产代油洁净煤基燃料，有利于保护环境，合理利用资源。水煤浆制浆工艺包括选煤（脱灰、脱硫）、破碎、磨矿、加入添加剂、捏混、搅拌与剪切，以及为剔除产品中的超粒与杂物的滤浆等环节。滤浆产生的杂质及脱灰工艺产生的灰渣可以作为生产建材的原料进行充分利用；脱硫工艺产生的硫可以回收再利用。

五、电力行业环境管理网络

以国电靖远发电有限公司为代表的白银市电力行业，根据环境管理网络构建的原则为其环境管理网络做了以下憧憬：

（一）废水"零排放"

该公司为火电企业，用水量大且排水量也大，从可持续发展的角度考虑，除了设计发电厂时尽可能采用节约用水方案外，对废水进行有效的处理回用是一条现实可行的途径。火电厂主要的排水有灰场排水、循环排污水、煤场排水等。企业实施"零排放"的主要途径是：将各种工业废水按水质分类，根据要求达到的不同水质标准及经济性分析结果选择不同的处理方法，使绝大部分废水回收利用，极少量的浓水或其他工业废水被其他工业废水稀释后处理或利用太阳能蒸发，从而达到节约用水、停止排污的目的。

该火电厂的工业废水进行回收利用主要通过安装废水回收泵将工业废水进行回收后分别进入Ⅰ、Ⅱ冲灰冲渣水池用于冲灰冲渣水，两台泵每小时回收工业废水用于冲灰冲渣水量为 300 吨/小时。

火电厂的生活污水分为厂区和福利区生活污水两种，电厂生活污水的 COD、BOD 的浓度值较小，生化处理的难度较大，但由于其基本不含重金属等有害物质，可以用于绿化、灌溉等用途。该公司目前通过加装潜水泵将部分生活污水利用，用于厂区、福利区绿化灌溉。

（二）粉煤灰的综合回收利用

该公司的粉煤灰来源于 4 台 670 吨/小时燃煤锅炉运行中产生的排放物。该公司于 1995 年共投资 182 万元扩建了 3 号炉、4 号炉炉取灰工程，经过多年的发展，4 台机组全部安装了取灰设备，公司拥有一座 1800 立方米的大型储灰库，目前公司已形成 8 万吨粉煤灰采集能力，年可实现销售粉煤灰 3 万吨。该公司所采集的粉煤灰品质优良，二、三电场的粉煤灰经过多次试验，均已达到 Ⅰ 级粉煤灰标准，一电场的粉煤灰也达到了 Ⅱ 级粉煤灰标准。该公司生产的粉煤灰已广泛用于甘肃省清水古城水电站建设、青藏铁路修建、公路建设和水泥生产。

依据循环经济原则，白银市电力行业环境管理网络构建的重点是粉煤灰综合利用。目前，靖远发电的取灰系统已经建成，下一步需筹建粉煤灰化验室，从而能够及时掌握粉煤灰的品质；规划引进德国先进生产设备利用粉煤灰、炉渣生产新型墙体砌块、地砖、路沿石、护堤砌块等产品；利用专利技术投资兴建建材厂，生产国家专利轻型墙板；引进先进适用技术将粉煤灰加工为其他工业产品。

第五节　途径之二：区域层面的侧向环境管理网络

在构建垂直环境管理网络的时候，采取的主要模式是清洁生产和废弃物循环，而在构建侧向环境管理网络的时候，采取的模式主要是不同产业领域、不同生产阶段之间的循环合作。依据白银市的产业经济发展实际情况和未来区域经济发展规划，白银市的侧向环境管理网络包括两个方面的主要内容：一是在中国科学院白银高新技术产业园的基础上构建的白银市生态产业园；二是在区域层面上构建的环境管理网络。

一、白银市生态产业园

以中国科学院白银高新技术产业园作为白银市生态产业园的雏形。在园区建设过程中，通过市场机制进行绿色招商，因地制宜地构建、丰富和完善产业生态网络。各企业通过物质、能量、废水和信息的集成交换，构成了工业生态群落，各群落又通过废弃物交换、能量梯级利用和公用工程集成共享有机地联系在一起，构成多种物质、能量链的环境管理网络结构。

目前，入驻中国科学院白银高新技术产业园的企业（含各类服务公司）已达 20 家，我们可以比照自然生态系统，将入园企业分为资源生产（生产者）、加工生产（消费者）和还原生产（分解者）三种类型（罗宏等，2004）。做如此划分后，我们发现，白银高新技术产业园离生态工业园的标准还相去甚远。因此，我们在相关当事者和有关专家的协助下，根据环境管理网络构建的原则，在原有的 20 家企业的基础上又增加了 23 家虚拟企业，以期构建白银市生态产业园的雏形（见表 7-1）。

但是，必须注意的是，生态产业园往往因为地理范围的限制，而不能成为有效实施循环经济的实体。已有研究表明，绝大多数的废弃物不能在工业园区范围内被循环再生，与之相对应，一个工业区域可能会成为建立循环经济，构建产业生态系统的有效空间尺度（斯特尔，2004）。

二、白银市区域环境管理网络

白银市工业系统的投入以矿物资源和水资源为主，产出以原材料产品为主；而从两者的地理范围来看，投入主要来自于区内，而产出主要销往区外。在这样一种工业系统运作模型下，如果仅仅囿于工业系统内寻找持续发展之道，恐怕终归无果。因此，我们需要跳出白银市工业系统的界限，在整个区域范围内，甚至向区域范围外辐射，构建白银市的区域环境管理网络，发挥工业部门、农业部门、市政部门、居民社区等各个社会经济系统层面的当事者的能动作用，通过合作，有效管理区域系统环境，促进白银市可持续发展（见图 7-8）。

在这个区域环境管理网络中，有以下几个重要的问题需要特别强调：

表 7－1　　　　　中国科学院白银高新技术产业园企业分类表

项目	生产者	消费者	分解者
化工及精细化工行业	甲苯二异氰酸酯生产企业　　干法氟化铝企业	皮肤保护型无磷洗衣粉生产企业　　精细石油化工中间体企业　　二氨基甲苯生产企业	聚氨酯泡沫塑料厂　　涂料生产厂
加工制造业	特大功率电子加速器企业　　新型电力电子功率（M—S）集成件生产企业	阻燃输送带生产业　　多功能纳米空气消毒机生产企业　　变压器生产厂　　医用设备生产厂	五金回收企业　　零部件厂
生物医药行业	基因重组复合酶生物消毒液生产企业　　良种培育企业	生物制药企业　　中成药制药　　乳品生产企业	食品厂　　饮料厂　　饲料厂　　日用化工厂
服务行业	物业公司集中供热，供汽　　中科产业园技发展有限责任公司　　环保咨询服务企业	汽车检测中心	
新能源材料	碳酸锂深加工企业　　电池极氧化钻生产企业	新型电池厂	
有色金属新材料及非金属行业	有色金属精炼企业　　凹凸棒生产企业　　氯化稀土生产企业　　脱色土生产厂	超细活性氧化锌生产企业　　有色金属深加工企业　　氯化系统深加工　　液晶屏生产厂	尾矿渣提炼铟企业　　建材砖厂　　吸附剂厂　　农药厂

注：入园企业　　　　虚拟企业

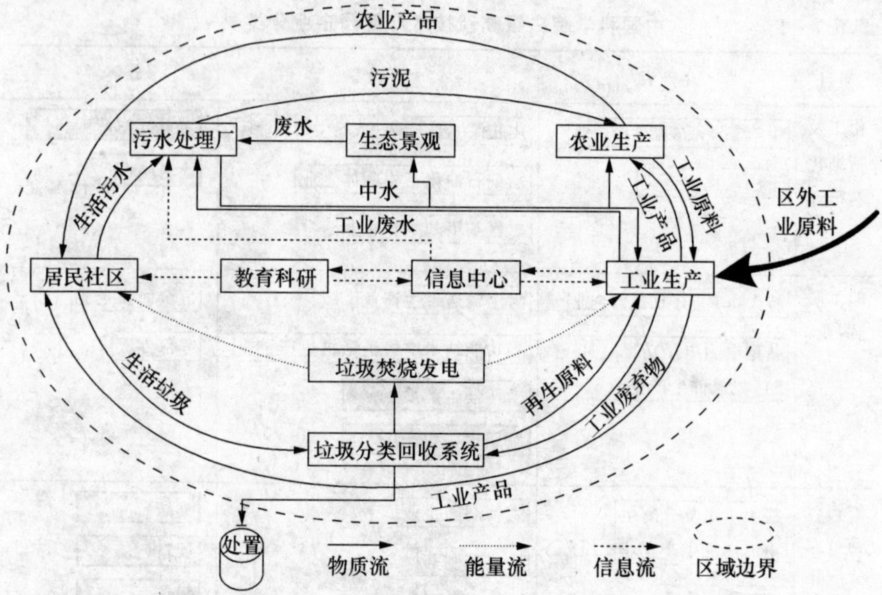

图 7-8 白银市区域环境管理网络

（1）工业部门要增加对区外资源尤其是再生资源的消耗，减少对区内资源的依赖。

（2）对由于采矿而破坏的景观，要加大恢复力度，增大白银市区域环境容量。

（3）要加快白银市的产业转型，发展对矿物资源依赖少的环境友好型产业。

（4）要加强环境教育，重点是环境伦理和环境责任的教育，促进和加强各类社会主体之间的合作。

第六节 途径之三：从全球层次上创新改造资源型工业区域

从第六章的分析中我们知道，在白银市这样的资源型工业区域内，难以形成传统意义上的产业循环网络。那么，如何在资源型工业区域实践产业生态学的原理，促进区域乃至全球的可持续发展？

由于矿产资源逐渐减少，当今的资源型城市面临着普遍的生存危机。资源型城市转型是当今中国的热点问题，白银市是面临区内矿产资源枯竭的典型城市之一。转型是否就是资源型城市可持续发展的出路？该如何转型？

如果区内矿产资源一旦枯竭，就放弃原有的产业类型，发展所谓的新型行业、高新技术产业等，必然会遇到一个不可回避的根本问题：转型成本太高。这个成本不仅包括发展新的产业的经济成本，而且更主要的含有劳动力转型的社会成本和景观恢复的环境补偿成本。另外，由于人类产业系统的运行短期内还难以脱离不可再生资源，因此，在相当长的一段时期内，还需要从事原材料和初级产品生产的资源型企业的存在。

因为有众多资源型企业集聚的工业区域，在其内部形成产业循环网络具有诸多困难，所以，需要寻求新的在这类区域实践产业生态学原理的途径。在对产业生态系统构建的认识上，很多学者认为，需要建设专门从事废弃物循环和处置的行业类型，补足目前在产业生态系统中普遍缺失的分解者的角色。但是，在资源型工业区域，不仅分解者缺失，就连消费者也是缺失的。这就提示我们需要拓宽视角，将资源型工业区域纳入国家的甚至国际的产业生态网络中去。如此，消费者缺失的问题则能迎刃而解，但是，分解者缺失的问题如何解决？

依据产业生态学的原理，我们认为，将传统资源型工业区域创新改造成新型的资源型工业区域能够较好地解决分解者缺失的问题，而且将更加有利于区域和全球的可持续发展。这里，所谓传统的资源型工业区域，是指该区域在全球工业体系中，以提供原材料或初级产品为主；所谓新型的资源型工业区域，是指该区域不仅提供原材料，而且负责处理废弃物，也就是说，在新型的资源型工业区域内，企业承担提供原材料和循环处理工业残留物的双重责任。

从区域层面来看，这样的创新改造可以有效地减少区域产业结构转型的成本。一方面，区外的废弃物成为区内企业重要的原料，这将减少区内矿产资源枯竭带来的风险；另一方面，由于资源企业无须彻底关闭或变更，从而避免了结构性失业带来的巨额社会成本。

从全球层面来看，这样的创新改造不仅减少了建设一批新的废弃物处理行业的经济成本，而且降低了经济发展所需的环境成本。当把传统的资源型工业区域改造成新型的资源型工业区域之后，全球范围内的废弃物将逐步取代自然界的矿产资源，成为资源型企业的重要原材料，这显然是经济和生态的双赢。

本章小结

　　资源型工业区域的企业网络和企业环境管理特征启示我们，环境保护远超出废弃物循环的范畴，可持续发展远超过环境保护的范畴，所以，我们所确定的在资源型工业区域实践产业生态学原理的基本途径不仅要包括环境方面的内容，而且还要包括经济和社会发展方面的内容。仿照自然生态系统的复杂性，构建环境管理网络不失为在资源型工业区域实践产业生态学原理的一般途径，这里的环境管理网络主要是指企业层次的垂直环境管理网络和区域或全球层次的侧向环境管理网络，而几乎不包括企业之间的循环网络。构建环境管理网络时，应遵循责任原则、循环经济原则、合作原则和地方化原则；构建环境管理网络宜采用展望未来的方法，而不宜采用行政命令的方法。从全球层面上看，使资源型工业区域内的企业责任从提供原材料的单一责任转变成提供原材料和循环处理工业残留物的双重责任，将是有利于创新资源型工业区域实践产业生态学原理的基本途径，能促进区域和全球的可持续发展。

第八章　全书总结与研究展望

第一节　全书总结

前人的研究结果表明，可以在传统的企业间的经济网络基础上构建有利于可持续发展的环境管理网络，环境管理网络的主导形式——产业循环网络已成为区域层面实践产业生态学原理的基本范式。但是，本书研究的结果显示，在由为数不多的几家大型资源型企业控制区域经济、环境命脉的资源型工业区域，资源型企业之间的关系虽然较为密切，但联系的形式以最终产品联系为主，缺乏废弃物或副产品方面的联系；资源型企业虽然采取了一定的环境管理措施，并取得了一定的环境效益和经济效益，但是，所采取的环境管理措施基本上属于末端治理的措施，缺乏企业之间的废弃物循环利用措施，而且企业自身缺乏主动性，法律法规缺乏约束性。就各个企业的产污和排污现状来看，环境问题仍然相当严峻；从各个企业对废弃物回收利用的预期来看，很少存在可以利用它的废弃物的其他企业；从各个企业对循环经济发展的设想来看，没有一家企业提及与其他企业在废弃物循环方面进行合作。

所有这些都表明，在诸如白银市的这类资源型区域难以形成传统的产业循环网络。要在资源性工业区域实践产业生态学原理，促进区域长期的可持续发展，必须依据企业特征和资源禀赋的特色，创新产业生态学的实践途径。仿照自然生态系统的复杂性，笔者认为，构建环境管理网络不失为在资源型工业区域实践产业生态学原理的一种途径，但是，这里说的环境管理网络主要是指企业层次的垂直环境管理网络和区域或者说全球层次的侧向环境管理网络，而几乎不包括区域内企业之间的产业循环网络。在资源型工业区域实践产业生态学原理的基本途径有三：一是行业内部的垂直环境管理网络；二是区域层面的侧向环境管理网络；三是从全球层次上创新改造资源型工业区域，使企业承担提供原材料和循环处理工业残留物的双重责任。

第二节　研究展望

需要进一步研究的主要问题有以下几个方面：

其一，选择多个资源型城市进行对比研究。由于研究时间、经费等的限制，本书仅仅选择了白银市作为研究实例进行探讨。但是，我国资源型城市数目众多（全国共有 178 个，其中东部 85 个、中部 58 个、西部 35 个）、类型众多，而且东、中、西部分布不均，一个白银市的研究结果不能完全说明问题，这需要笔者在以后的工作中选择多个不同类型、不同区域的资源型城市进行对比研究，这样能够得到更多更有价值的结论。

其二，产业生态学实践效果的跟踪研究。如果把产业生态学实践看做是一项环境管理行为的话，那么其后的对于实施效果的跟踪监测研究尤为重要。书中提出的在资源型工业区域实践产业生态学的基本途径还仅仅属对于未来状态的憧憬，要将这些憧憬转化为行动，其实施效果就显得特别重要。对产业生态实践的效果进行跟踪研究，就可以适应性地实践产业生态学原理，不断改进实践途径，实践的改进反过来又会促进理论的改进，从而不断提升理论和实践水平。

其三，资源型城市实践产业生态学前后对于全球环境质量变化的贡献分析。城市是全球人口、生产、消费集中的地方，城市生产、生活方式的变化对于全球环境质量变化的贡献非同小可。资源型城市在全球范围来讲，是一类特殊的工业区域，其生产以资源导向性和能源密集性为主要特征。资源型城市的产业生态学实践对全球环境质量的改进具有重要意义，它不仅可以改进资源型城市自身的生产和消耗方式，而且它将直接影响全球产业社会的生产和消耗方式。

附录 1　企业调查问卷 I

企业名称			
企业成立 时间		企业改扩 建时间	
企业始建 建设内容		企业改扩建 建设内容	
企业地点		联系人 联系电话	
企业技术 负责人		邮编 电子信箱	
主要产品	1. 2. 3. 4. 5.	产量	1. 2. 3. 4. 5.
副产品	1. 2. 3. 4. 5.	产量	1. 2. 3. 4. 5.
产品销售 市场		产品市场 占有份额	
主要产品 销售价格	1. 2. 3. 4. 5	主要竞争 对手	1. 2. 3. 4. 5.
企业当地资 源利用量	1. 2. 3. 4. 5.	资源品质	1. 2. 3. 4. 5.

资源赋存情况	1. 2. 3. 4. 5.		
资源开发价值	1. 2. 3. 4.		
年用电量	1. 2. 3. 4. 5. 合计：	年用水量	1. 2. 3. 4. 5. 合计：
年排废水量	1. 2. 3. 4. 5. 合计：	年产生固体废弃物种类	1. 2. 3. 4. 5. 合计：
年产生固体废弃物数量	1. 2. 3. 4. 5. 合计：		
生产方法（包括原料路线）			
工艺流程（主要产品及副产品）			
工艺技术来源			

企业生产产业链延伸设想			
主要生产设备清单			
已采用环境保护措施			

主要原材料					
序号	品种	质量	价格	年需要量	产地
1					
2					
3					

主要辅助材料					
序号	品种	质量	价格	年需要量	产地
1					
2					
3					

燃料					
序号	品种	质量	价格	年需要量	产地
1					
2					
3					

企业是否通过 ISO14000 认证	
企业实施清洁生产模式的状况	
已采用节能措施及节能效果指标	

续表

企业已完成固定资产投资额（土建、设备）	
企业定员及组织机构	
企业近期拟新建项目及投资	

企业生产经济效益指标

年产品销售收入			年总成本费用
销售税金及附加	增值税		
利润		所得税	
税后利润			
利润分配			
企业厂区绿化状况			

附录 2 企业调查问卷 II

企业名称：＿＿＿＿＿＿＿＿
创建时间：＿＿＿＿＿＿＿＿
地　　址：＿＿＿＿＿＿＿＿

一、企业的基本情况

1. 企业的所有制形式＿＿＿＿＿
   A. 国有企业
   B. 集体企业
   C. 股份合作企业
   D. 股份制企业
   E. 外商和港澳台商投资企业
   F. 其他＿＿＿＿＿

2. 本企业＿＿＿＿＿
   A. 仅由一个厂构成
   B. 是多个厂的总厂（总公司），分厂位于＿＿＿＿＿
   C. 是一个多厂企业的一个分厂，总厂（总公司）位于＿＿＿＿＿

3. 企业所属的行业类型＿＿＿＿＿
   A. 煤炭开采和洗选业
   B. 有色金属冶炼及压延加工业
   C. 电力，热力的生产和供应业
   D. 化学原料及化学制品制造业
   E. 非金属矿物制品业
   F. 其他＿＿＿＿＿

4. 企业的主要产品是：_____

5. 下列区位要素对企业的发展有何意义？

	较大的正面影响	一定的正面影响	没有意义	一定负面影响	较大的负面影响
接近原料地					
当地市场					
便宜劳动力					
高素质劳动力					
当地交通状况					
当地供水状况					
当地供电状况					
污水、废弃物处理设施					
当地的环境保护法规					
优惠政策					
土地供给					
技术中介组织					
生产同类或类似产品的企业在当地的积聚					
提供原料、配件企业在当地的积聚					
接受本厂产品的厂家或销售商在本地的积聚					
与沿海地区的远距离					

二、企业间联系的形式和强度

1. 与本企业有联系的企业的基本情况

序号	与本企业有联系的企业名称	所属行业类型	所在地点	所在方位	联系的形式
1					
2					
3					
4					
5					
6					

表格填写说明：

（1）所属行业类型：

A. 煤炭开采和洗选业

B. 有色金属冶炼及压延加工业

C. 电力，热力的生产和供应业

D. 化学原料及化学制品制造业

E. 非金属矿物制品业

F. 其他（请填写）

（2）所在地点：在白银市内的，请具体到区、县；在白银市外的，请具体到市。

（3）所在方位：东、南、西、北、东北、东南、西北、西南八个方位。

（4）联系的类型：

A. 购买别的企业的产品作为原材料

B. 向别的企业销售本公司的产品

C. 与别的公司合作销售

D. 购买别的公司的副产品或废弃物作为生产原料

E. 向别的公司出售本公司的副产品或废弃物

F. 其他（请填写）

2. 联系的基本情况

序号	与本企业有联系的企业	联系已经存在的时间	预计还将持续的时间	与别的企业联系的目的	与别的企业联系的维持方式
1					
2					
3					
4					
5					
6					

表格填写说明：

（1）与本企业有联系的企业：按上个问题表格中的顺序，可以不填名称。

（2）联系已经存在的时间：请以年为单位。

（3）预计还将持续的时间：如果为有限时间，请填以年为单位的预计时间；如果一直会持续，请填"无限"。

（4）与别的企业联系的目的：

A. 保证生产原料供给

B. 减少生产成本

C. 增加销售输入

D. 提高企业核心竞争力

E. 实现循环，有利于环境保护

F. 其他（请填写）

（5）与别的企业联系的维持方式：

A. 简单的协定

B. 正式的合同

3. 联系的强度

序号	与本企业有联系的企业	联系的主要物质	物质的性质	联系的数量	经济价值
1					
2					
3					
4					
5					
6					

表格填写说明：

（1）与本企业有联系的企业：按上个问题表格中的顺序，可以不填名称。

（2）联系的主要物质：指在与别的企业发生联系过程中，出售或购买的主要物质名称。

（3）物质的性质：

A. 本企业的最终产品

B. 别的企业的最终产品

C. 本企业的中间产品或废弃物

D. 别的企业的中间产品或废弃物

（4）联系的数量：指单位时间内，发生联系的物质数量，请用"（万）吨/年（月）"，或"万立方米/年（月）"作单位。填写时请标注单位。

（5）经济价值：指发生联系的物质单价，请用"万元/吨"或其他作单位。填写时请标注单位。

三、企业间联系形成的机制

1. 在初始建立企业间联系时，下列因素的作用有多大？

	非常大	比较大	有一点	没有作用
企业所有者之间的私人关系				
相关行业协会的协调和促进				
相关政府部门的协调和促进				

2. 下列要素对维持企业间联系的稳定性的作用有多大？

	非常大	比较大	有一点	没有作用
在长期的交易中建立的互相信任关系				
有关企业利润分配等的法规				
法制、社会和技术等外部条件				
具有共同的目标和责任				
联系能给双方都带来实惠				

3. 在原料、配件、半成品供应、产品销售、技术联系、废弃物处理等方面，企业可能有一些长期、稳定、可靠的伙伴，这些关系对企业发展在以下几方面的意义有多大？

	非常大	比较大	有一点	没有任何意义
确保主要原材料、配件等的供应				
以较低价格获得原材料等投入物				
确保产品销售市场				
双边或多边联合确定产品价格				
联合采取行动提高产品质量				
通过信息交流扩大产品销售市场				
深化各厂家之间的专业化劳动分工				
提高企业的核心竞争力				
利用对方的废弃物，形成共生网络				

四、企业的废弃物废料利用情况

1. 产生的废弃物及处置和利用现状

序号	本企业产生的主要废弃物	可否回收利用	可由谁回收利用	是否回收利用	由谁回收利用	可回收利用但没有回收利用的原因	没有回收利用的废弃物处理方式
1							
2							
3							
4							
5							
6							

*表格填写说明：

（1）本企业产生的主要废弃物：指生产过程中产生的废弃物名称。

164

（2）可否回收利用：

A. 可以

B. 不可以

（3）可由谁回收利用：

A. 本企业

B. 其他企业

（4）是否回收利用：

A. 是

B. 否

（5）由谁回收利用：

A. 本企业

B. 其他企业，请填上其他企业的名称

（6）可回收利用但没有回收利用的原因：

A. 回收成本高

B. 没有可行的回收利用技术

C. 暂时没有需求企业

D. 其他（请填写）

（7）没有回收利用的废弃物处理方式：

A. 自己填埋或焚烧

B. 交由市政环保部门集中处理

C. 露天堆放，等待时机再回收利用

D. 其他（请填写）

2. 废弃物回收利用的前景

序号	可回收利用但没有被回收利用的废弃物	可以利用它的现有企业	是否可以在区内建立利用它的企业，理由	是否可以在区外找到可以利用它的企业，理由
1				
2				
3				
4				

续表

序号	可回收利用但没有被回收利用的废弃物	可以利用它的现有企业	是否可以在区内建立利用它的企业，理由	是否可以在区外找到可以利用它的企业，理由
5				
6				

*表格填写说明：

（1）可回收利用但没有被回收利用的废弃物：与上题对应，请写出废弃物名。

（2）可以利用它的现有企业：指白银市或周边地区现有的企业中可以利用该废弃物的企业。

（3）是否可以在区内建立利用它的企业，理由：指是否可以在白银市范围内建立一个新的企业以利用该废弃物。为什么？（在第一分栏中，填"是"或"否"；在第二分栏中填理由。）

（4）是否可以在区外找到可以利用它的企业，理由：指是否可以在白银市外找到可以利用该废弃物的企业。（在第一分栏中，填"是"或"否"；在第二分栏中填理由。）

五、您对循环经济的认识

1. 发展循环经济有可能影响到经济、资源、环境等多个方面。您认为它的意义有多大？

	较大的正面影响	一定的正面影响	没有意义	一定负面影响	较大的负面影响
经济发展					
资源保障					
环境保护					

2. 发展循环经济的 3R 原则是指：减量化原则（Reduce），再使用原则（Reuse），再循环原则（Recycle）。您认为在发展循环经济的过程中，

这三个原则的重要性排序是：_____

    A. 1　2　3

    B. 1　3　2

    C. 2　1　3

    D. 2　3　1

    E. 3　1　2

    F. 3　2　1

    G. 很难分，同样重要

关于 3R 原则的说明：

（1）减量化原则（Reduce）：要求用较少的原料和能源，特别是控制使用危害环境的资源投入来达到既定目的或消费目的，从而在经济活动的源头就注意节约资源和减少污染。

（2）再使用原则（Reuse）：要求制造的产品和包装容器能够以初始的形式被多次使用和反复使用，而不是用过一次就废弃。

（3）再循环原则（Recycle）：要求生产出来的物品在完成其使用功能后能重新变成可再利用的资源，而不是不可恢复的垃圾。

3. 您认为发展循环经济的主要目的是：_____

    A. 减少废弃物排放从而保护环境

    B. 减少对原始自然资源的消耗，从而减轻对自然系统的压力以及保障原材料供给安全

    C. 节省企业的原材料开采费用，提高经济效益

    D. 将本企业的废弃物变为自己或其他企业的原材料从而提高经济效益

    E. 提高企业的环境表现，有利于提高本企业产品的竞争力

    F. 其他（请填写）

4. 您认为发展循环经济的主体应该是：_____

    A. 政府

    B. 企业

    C. 个人

5. 你认为发展循环经济重点应该在哪个层面上做文章？_____

A. 单个企业层面：发展清洁生产

B. 企业网络层面：发展企业间的废弃物循环网络

C. 区域层面：综合政府、企业和个人的作用，促进整个区域的资源、经济、环境的良性循环

6. 您认为为了保障循环经济的发展，最需要的先决条件是：_____

A. 国家严格的法规

B. 企业能够从中获利

C. 整个社会的环境意识

D. 有专门的促进、执行和监督循环经济运行的组织

参 考 文 献

1. B. R. Allenby, 2002. Book Reviews: The Rise of the Network Society, by Manuel Castells. Oxford: Blackwell Publishers, 2000, Second Edition, 594pp. *Journal of Industrial Ecology* 6 (2): 153 – 156.

2. S. A. Allesina and C. Bondavalli, 2004. WAND: an Ecological Network Analysis User – friendly Tool. *Environmental Modelling & Software* 19: 337 – 340.

3. P. Andersson and S. Sweet, 2002. Towards a Framework for Ecological Strategic in Business Networks. *Journal of Cleaner Production* 10: 464 – 78.

4. Andrew Godley, 1999. 伦敦和纽约服装业小企业网络中的信用配给, In: Grandori Anna (eds.), 1999. Interfirm Networks: Organization and Industrial Competitiveness. 刘刚, 罗若愚, 祝茂等译, 2005. 北京: 中国人民大学出版社. 305 – 318.

5. C. J. Andrews, 2002. Industrial Ecology and Spatial Planning. In: Ayres, R. U. and Ayres, L. W. (Eds.): *A Handbook of Industrial Ecology*, Edward Elgar Publishing Ltd., Glos, UK. pp. 476 – 487.

6. R. U. Ayres, 1999. The Second Law, the Fourth Law, Recycling and Limits to Growth. *Ecological Economics* 29, pp. 473 – 483.

7. K. Bellmann, Anshuman Khare, 2000. Economic Issues in Recycling end – of – life Vehicles. *Technovation* 20, pp. 677 – 690.

8. M. A. Berry and D. A. Rondinelli, 1998. Proactive Corporate Environmental Management: A New Industrial Revolution. *Academy of Management Executive*, Vol. 12, No. 2. pp. 38 – 50.

9. C. Bianciardi, E. Tiezzi and S. Ulgiati, 1993. Complete Recycling of Matter in the Framework of Physics, Biology and Ecological Economics. *Eco-

logical Economics 8：1 – 5.

10. S. P. Borgatti, 2002. Net Draw：Graph Visualization Software. Harvard：Analytic Technologies.

11. S. P. Borgatti M. G. Everett and L. C. Freeman, 2002. *Ucinet for Windows：Software for Social Network Analysis.* Harvard, MA：Analytic Technologies.

12. K. E. Boulding. *The Economics of the Coming Spaceship Earth*, in：H. Jarett（Ed.）：Environmental Quality in a Growing Economy, Baltimore 1966, pp. 3 – 14.

13. S. Bringezu, Yuichi Moriguchi, 2002. *Material Flow Analysis.* In：R. U. Ayres and L. W. Ayres（Eds.）：A Handbook of Industrial Ecology, Edward Elgar Publishing Ltd. , Glos, UK. pp. 79 – 90.

14. R. L. Bryant and G. A. Wilson, 1998. Rethinking Environmental Management. *Progress in Human Geography.* 321 – 343.

15. R. Buckley 1991. *Perspectives in Environmental Management.* Berlin：Springer – Verlag.

16. D. Carney and J. Farrington, 1999. *Natural Resource Management and Institution Change.* New York：Routledge.

17. CCICED, 2005. *Task Force Report on Circular Economy.* http：//www. harbour. sfu. ca/dlam/Taskforce/circular% 20economy2005. htm.

18. Chang Genying, 2004. *Industry in Lanzhou.* Ph. D. Thesis of Heidelberg University, German.

19. R. Chertow Marian, 1999. Industrial Symbiosis：a Multi – firm Approach to Sustainability. The 8th *International Conference of the Greening of Industrial Network*, Chapel Hill, NC：November.

20. R. Chertow Marian, 2000. Industrial Symbiosis：Literature and Taxonomy. *Annual Review of Energy and Environment*, 25, 313 – 337.

21. A. C. Chiang, 1984. *Fundamental Methods of Mathematical Economics（Third Edition）.* McGraw – Hill, Inc. , pp. 755.

22. A. Comber, P. Fisher, R. Wandsworth, 2003. Actor – network Theory：a Suitable Framework to Understand How Land Cover Mapping Projects De-

velop? *Land Use Policy* 20: 299 – 309.

23. L. Connelly, C. P. Koshland, 2001. Exergy and Industrial Ecology – Part 1: An exergy – based Definition of Consumption and a Thermodynamic Interpretation of Ecosystem Evolution. Exergy Int. J. 1 (3): 146 – 165.

24. L. Connelly, C. P. Koshland, 2001. Exergy and Industrial Ecology – Part 2: A Non – dimensional Analysis of Means to Reduce Resource Depletion. Exergy Int. J. 1 (4): 234 – 255.

25. H. Daly, 1996. Beyond growth, *The Economics of Sustainable Development*, Boston, Mass: Beacon Press.

26. J. Ehrenfeld, 2004. Industrial Ecology: a New Field or only a Metaphor? *Journal of Cleaner Production* 12: 825 – 831.

27. J. R. Ehrenfeld, 2003. Putting the Spotlight on Metaphors and Analogies in Industrial Ecology, *Journal of Industrial Ecology*, Vol. 7, No. 1, pp. 1 – 4.

28. Ehrenfeld, R. John and Nicholas Gertler, 1997. Industrial Ecology in Practice: The Evolution of Interdependence at Kalundborg, *Journal of Industrial Ecology*, 1 (1), 67 – 79.

29. J. R. Enrenfeld and M. R. Chertow, 2002. *Industrial Symbiosis: The Legacy of Kalundborg*, in: R. U. Ayres and L. W. Ayres (Eds.): *A Handbook of Industrial Ecology*, Edward Elgar Publishing Ltd., Glos, UK. pp. 334 – 348.

30. S. Erkman, 2002. *The recent history of industrial ecology*. In: R. U. Ayres and L. W. Ayres (eds.), A Handbook of Industrial Ecology, Cheltenham, UK: Edward Elgar Publishers, 27 – 35, 2002.

31. M. Faber, R. Manstetten and J. Proops, 1996. *Ecological Economics: Concepts and Methods* (Reprinted 1998). Cheltenham: Edward Elgar Publishing Limited. pp. 115 – 136.

32. B. D. Fath, 2004. Network Analysis in Perspective: Comments on "WAND: an Ecological Network Analysis User – friendly tool". *Environmental Modelling & Software* 19: 341 – 343.

33. W. Fichtner, M. Frank, O. Rentz, 2004. Inter – firm Energy Sup-

ply Concepts: an Option for Cleaner Energy Production. *Journal of Cleaner Production 12*, pp. *891 – 899*.

34. D. Fornahl, and T. Brenner (eds.), 2003. *Cooperation, Networks and Institutions in Regional Innovation Systems*. Cheltenham UK: Edward Elgar.

35. L. C. Freeman, 1979. Centrality in Social Networks: Conceptual Clarification. *Social Networks* 1: 215 – 239.

36. Robert A. Frosch and Nicholas E. Gallopoulos, 1989. Strategies for Manufacturing, *Scientific American*, 261 (3), 94 – 102. (Special Issue on Managing Planet Earth.)

37. N. Geogescu – Roegen, 1979. Energy Analysis and Economic Valuation. *Southern Economic Journal* 45: 1023 – 1058.

38. Gertler Nicholas and John R. Ehrenfeld, 1996. A Down – to – earth Approach to Clean Production. *Technology Review*, 99 (2), 48 – 54.

39. D. Gibbs, P. Deutz, 2005. Implementing Industrial Ecology? Planning for Eco – industrial Parks in the USA. *Geoforum* 36, pp. 452 – 464.

40. T. E. Graedel and B. R. Allenby. 2003. *Industrial Ecology* (Second Edition) [M]. 施翰 (译). 北京: 清华大学出版社. 2004.

41. T. E. Graedel and Braden R. Allenby, 1995. *Industrial Ecology*. Upper Saddle River, NJ: Prentice – Hall.

42. S. Harris and C. Pritchard, 2004. Industrial Ecology as a Learning Process in Business Strategy. *Progress in Industrial Ecology*, Vol. 1, Nos. 1/2/3, pp. 89 – 111.

43. B. Hotz – Hart, 2000. *Innovation Networks, Regions, and Globalization*. In: G. L. Clark, M. P., Gertler M. S. Feldman (eds.): *The Oxford Handbook of Economic Geography*. Oxford: Oxford University Press. 432 – 50.

44. L. Illge, 2004. *The Economy of Closed Material Cycles: Environmental – economic Concepts and Policy*. DIW Berlin Research Notes No. 37, March 2004, Berlin.

45. Jiang Zemin, 2002. *Build a Well – off Society in an All – round Way and Create a New Situation in Building Socialism with Chinese Characteristics,*

Speech at the 16th National Congress of the Communist Party in China, November8, 2002. http: //english. peopledaily. com. cn/200211/18/eng 20021118 - 106983. shtml.

46. B. Kaluza, Th Blecker. and Ch. Bischof, 1999. *Networks - a Cooperative Approach to Environmental Management*, Discussion Paper of the College of Business Administration, University of Klagenfurt, Austria.

47. Kapp K. William, 1975. Recycling in contemporary China. *World Development*, 3 (7 - 8): 565 - 573.

48. M. Khanna, W. R. Q. Anton, 2002. Corporate Environmental Management: Regulatory and Market - Based Incentives. *Land Economics*, Volume 78, Number 4, 539 - 558 (20).

49. J. Korhonen, 2002. Two Paths to Industrial Ecology: Applying the Product - based and Geographical Approaches. *Journal of Environmental Planning and Management*, 45 (1), 39 - 57.

50. J. Korhonen, L. Okkonen, and V. Niutanen, 2004. Industrial Ecosystem Indicators - direct and Indirect Effects of Integrated Waste - and by - Product Management and Energy Production. *Clean Techn Environ Policy* 6, 162 - 173.

51. J. Korhonen and P. A. Strachan, 2004. Editorial: Towards Progress in Industrial Ecology, *Progress in Industrial Ecology*, Vol. 1, Nos. 1/2/3, pp. 1 - 23.

52. J. Korhonen, 2005. Editorial: on the Strategy of Industrial Ecology, *Progress in Industrial Ecology - An International Journal*, Vol. 2, No. 2, pp. 149 - 165.

53. R. Lifset and Thomas E. Graedel, 2002. *Industrial Ecology: Goals and Definitions*. In: *A Handbook of Industrial Ecology*, R. U. Ayres and L. W. Ayres, eds. , Cheltenham, UK: Edward Elgar Publishers, 3 - 15.

54. Lowe, 2001. Ecoindustrial Park Handbook for Asian Developing Countries. http: //www. indigodev. com.

55. A. Malmberg, 1994: Industrial Geography. *Progress in Human Geography* 18, 532 - 540.

56. G. Miller, Tyler Jr. , 1994. *Living in the Environment*, Belmont, CA: Wadsworth Publishing.

57. M. Mirata and T. Emtairah, 2005. Industrial Symbiosis Networks and the Contribution to Environmental Innovation: The Case of the Landskrona Industrial Symbiosis Programme. *Journal of Cleaner Production* 13, 993 – 1002.

58. B. Mitchell, 2002. *Resource and Environmental Management* (Second Edition). 蔡运龙等译. 北京: 商务印书馆. 2004.

59. W. L. Neuman, 2000. *Social Research Methods: Qualitative and Quantitative Approaches*, 4th ed. Needham Heights, MA: Allyn & Bacon.

60. H. T. Odum, 1983. *Systems Ecology – an Introduction*. New York: Wiley – Interscience.

61. OECD, 1996. *Technology, Productivity, and Job Creation: Best Policy Practices*. Paris: OECD.

62. OECD, 1999. *Managing National Innovation System*. Paris: OECD.

63. C. Oliver, 1990. Determinants of Interorganizational Relationships: Integration and Future Directions. *Academy of Management Review* 15: 41 – 265.

64. P. Olsson and Folke C. , 2001. Local Ecological Knowledge and Institutional Dynamics for Ecosystem Management: A Study of Lake Racken Watershed, *Sweden*. *Ecosystems* 4: 85 – 104.

65. D. O'Rourke, L. Connelly, C. P. Koshland, 1996. Industrial Ecology: a Critical Review. *International Journal of Environment and Pollution* 6 (2/3), 89 – 112.

66. D. Pearce and K. Turner, 1990. *Economics of Natural Resources and the Environment*. New York.

67. R. Plummer, J. Fitz Gibbon, 2004. Some Observations on the Terminology in Cooperative Environmental Management. *Journal of Environmental Management* 70: 63 – 72.

68. A. Posch and G. Steiner, 2003. *Creativity Management in Sustainability Networks*. International Summer Academy on Technology Studies – Corporate Sustainability.

69. A. Posch, 2004. Editorial: Sustainability Networks, *Progress in In-*

dustrial Ecology – An International Journal, Vol. 1, No. 4, pp. 331 – 347.

70. A. Posch, 2005. Editorial: Cooperation within Sustainability Networks and its Implications for Research and Teaching, *Progress in Industrial Ecology An International Journal*, Vol. 2, No. 1, pp. 1 – 18.

71. Rat von Sachverst? Ndigen Für Umweltfragen: Umweltgutachten 1994, Mainz, Stuttgart 1994.

72. N. Roome, 2001. Editorial: Conceptualizing and Studying The Contribution of Networks in Environmental Management and Sustainable Development. *Business Strategy and the Environment*, 10 (2): 69 – 76.

73. J. Schumpeter, 1934. *The Theory of Economic Development*, Cambridge, Mass: Harvard University Press.

74. E. J. Schwarz and K. W. Steininger, 1997. Implementing Nature's Lesson: the Industrial Recycling Network Enhancing Regional Development. *Journal of Cleaner Production*. 5 (1 – 2), pp. 47 – 56.

75. J. Scott, 2000. Social Network Analysis: A Handbook. Sage Publications.

76. K. Sinding, 2000. Environmental Management Beyond the Boundaries of the Firm: Definitions and Constraints, *Business Strategy and the Environment*, Vol. 9, No. 2, pp. 79 – 91.

77. T. Sterr, T. Ott, 2004. The Industrial Region as a Promising Unit for Eco – industrial Development – reflections, Practical Experience and Establishment of Innovative Instruments to Support Industrial Ecology. *Journal of Cleaner Production* 12 (2004): 947 – 965.

78. J. M. Stewart, 1993. Future State Visioning – a Powerful Leadership Process. *Long Range Planning* 26: pp. 89 – 98.

79. H. Strebel, and A. Posch, 2004. Interorganizational Cooperation for Sustainable Management in Industry: on Industrial Recycling Networks and Sustainability Networks. *Progress in Industrial Ecology – An International Journal*, Vol. 1, No. 4, pp. 348 – 362.

80. H. Strebel, 2000. *Industrial Recycling Networks: Redesign of Industrial Systems*, in: Pento, T. (ed.): Helsinki. Symposium on Industrial Ecology

and Material Flows, Helsinki 2001 (www. jyu. fi/helsie), pp. 295 – 301.

81. J. Sydow, 1997. *Inter – organizational Relations*, in A. Sorge and M. Warner (eds), The Handbook of Organizational Behaviour, International Encyclopedia of Business and Management. London: Routledge. 211 – 225.

82. The Ministerial Conference on the 3R Initiative, 2005. *Chair's Summary*. Tokyo. http: // www. env. go. jp/earth/3r/en/

83. H. P. Wallner, 1999. Towards Sustainable Development of Industry: Networking, Complexity and Ecoclusters. *Journal of Cleaner Production* 7, pp. 49 – 58.

84. White, Robert, 1994. *Preface*, in Braden R. Allenby and Deanna J. Richards (eds.), *The Greening of Industrial Ecosystems*, Washington, DC: National Academy Press.

85. World Bank, 2004. *Circular Economy – An interpretation.* Eco – Memo No 2004 – 053, Project No. 20116. http: //www. econ. no.

86. World Commission on Environment and Development, 1987. *Our Common Future.* Oxford and New York: Oxford University Press.

87. Yeung Henry Wai – chung, 2000. Organizing the firm in Industrial Geography I: Networks, Institutions and Regional Development. *Progress in Human Geography* 24 (2), pp. 301 – 315

88. H. W. C. Yeung, 1994: Critical Reviews of Geographical Perspectives on Business Organizations and the Organization of Production: Towards a Network Approach. *Progress in Human Geography* 18, 460 – 490.

89. P. Yodzis, K. O. Winemiller, 1999. In Search of Operational Trophospecies in a Tropical Aquatic Food Web. *Oikos* 87 (2), 327 – 340.

90. Yuan Zengwei, Jun Bi and Yuichi Moriguichi, 2006. The Circular Economy: A New Development Strategy in China. *Journal of Industrial Ecology*, 10 (1 – 2): 4 – 8.

91. 安德烈·李帕里尼，亚历山德罗·洛米，1999. 摩德纳生物医学产业的组织间关系——区域经济发展的案例研究. 安娜·格兰多里，1999. 企业网络：组织和产业竞争力. 刘刚，罗若愚，祝茂，等译. 2005. 北京：中国人民大学出版社. 140 – 174.

92. 白银市地方志编纂委员会. 1999. 白银市志. 北京：中华书局.

93. 白银市统计局，2005. 白银年鉴2005. 北京：中国统计出版社.

94. 白银有色金属集团公司 编，1999. 白银有色志.

98. 陈焕章，1997. 实用环境管理学. 武汉：武汉大学出版社.

95. 陈四平等，1986. 工业企业环境管理. 北京：中国环境科学出版社.

96. 戴宏民，2002. 德国DSD系统和循环经济. 中国包装，2002/6.

97. 段宁，2005. 循环经济的自然科学基础. 科技日报. 2005年4月25日.

98. 甘肃省社会科学院经济研究所《工矿型城市中小企业》调查组，1994. 工矿型城市中下企业的发展问题——白银市、金昌市、嘉峪关市中小企业调查. 开发研究，1994.3：43－47.

99. 江泽民，全面建设小康社会，开创中国特色社会主义事业新局面，2002年11月8日.

100. 李惕川，1987. 工业污染源控制. 北京：化学工业出版社.

101. 刘军，2004. 社会网络分析导论. 北京：社会科学文献出版社.

102. 陆钟武，2003. 关于循环经济几个问题的分析研究. 环境科学研究. 16（5）.

103. 罗宏，孟伟，冉圣宏 编著，2004. 生态工业园——理论与实证. 北京：化学工业出版社.

104. 罗杰·珀曼，马越，詹姆斯·麦吉利夫雷 等，1998. 自然资源与环境经济学. 侯元兆等译. 北京：中国经济出版社，2002.

105. 彭琴，龚新奇. 2003. 从循环经济的国内外实践看我国循环经济发展支撑体系的构建. 北方环境. 28（4）.

106. 乔治斯库—罗根·尼古拉斯，1992. 尼古拉斯·乔治斯库—罗根自述 [A]. 迈克尔·曾伯格 编. 经济学大师的人生哲学 [C]. 侯玲，欧阳俊，王荣军译. 北京：商务印书馆，2002.

107. 曲格平. 循环经济与环境保护 [N]. 光明日报，2000－11－20（3）.

108. 徐锦航，1986. 工业环境管理. 同济大学出版社，浙江大学出版社.

109. 严辰松，2000. 定量型社会科学研究方法. 西安：西安交通大学出版社.

110. 叶文虎. 环境管理学. 北京：高等教育出版社，2000.

112. 依田直原. 三重困境：威胁世界生存的三大严重问题. 戴彦德，王万兴，刘静茹编译. 北京：中国建材工业出版社，2001.

113. 张思峰，张颖. 对我国循环经济研究若干观点的述评. 西安交通大学学报（社会科学版），2002. 22（3）.

114. 中国 21 世纪议程——中国 21 世纪人口、环境与发展白皮书. 北京：中国环境科学出版社，1994.

115. 诸大建. 可持续发展呼唤循环经济［J］. 科技导报，1998（9）.

后　记

本书是在笔者的博士学位论文基础上修订完成的。衷心感谢我的导师李吉均院士和陈兴鹏教授。两位导师将我引入产业生态学这座新鲜而又充满魅力的学术殿堂，导师们严谨的治学态度、渊博的学识、宽宏的学者风范以及对学生寄予的厚望，时刻激励着我努力向前。论文从选题、分析、写作到最后定稿，都得到两位导师的悉心指导和帮助。值此论文出版之际，谨向两位导师表示深深的敬意和诚挚的谢意。

在本书即将付梓之际，兰州大学伍光和教授欣然为本书作序，在此表示衷心的感谢。在论文的研究和写作过程中，我还得到了徐建华教授（华东师范大学）、石敏俊教授（中国科学院研究生院）、刘学敏教授（北京师范大学）、白永平教授（西北师范大学）和徐中民研究员（中国科学院寒区旱区环境与工程研究所）等老师的指点，中国社会科学出版社的卢小生编审为本书的出版做了大量工作，在此一并致谢。

我要特别感谢我的父母，父母的支持是我前进路上永远的动力。当然，还要感谢我的妻子高秀平和女儿李令仪，感谢妻子多年来对我所做的一切，以及女儿为我的生活增添的乐趣。

产业生态学和循环经济的理论研究和实践探索将是未来相当长的一段时期内全人类面临的重要课题。从跨学科的角度尤其是社会科学的角度研究产业生态学的理论与实践问题，是笔者孜孜以求的目标。然而，对于产业生态学这个新兴的研究领域，笔者的探索也仅仅是一个开始，许多问题的探讨也仅仅是提出问题，许多观点可能失之偏颇，搭建的理论框架也可能不够坚实，需要做更多的工作来回答并完善这些问题。

承蒙兰州大学社会学与人口学研究所所长陈文江教授的厚爱，笔者在取得理学博士学位后进入兰州大学哲学社会学院工作，从事环境社会学方面的研究与教学工作。本书的出版离不开陈文江教授的支持。是机遇，更是挑战。路漫漫其修远兮，吾将上下而求索。

李勇进

2007 年 10 月

于兰州大学